공기업 최종 합격을 위한

추가 학습 자료 제공

NCS 온라인 모의고사 응시권

25F6 CDAF 3EB2 628J

해커스공기업 사이트(public.Hackers.com) 접속 후 로그인 ▶ 사이트 메인 우측 상단 [마이클래스] 클릭 ▶ 상단 [결제관리 → 포인트·쿠폰·수강권] 클릭 ▶ [쿠폰/수강권 등록하기]에 위 쿠폰번호 입력 ▶ 쿠폰 등록 시 [마이페이지]로 모의고사 자동 지급

* 쿠폰 유효기간: 2024년 12월 31일까지(지급일로부터 30일간 PC에서 응시 가능)
* 본 쿠폰은 한 ID당 1회에 한해 등록 및 사용 가능합니다.

시험장까지 가져가는
기계직 핵심이론 정리노트 (PDF)

BU23 85D7 KDUD GKR7

해커스공기업 사이트(public.Hackers.com) 접속 후 로그인 ▶ 사이트 메인 우측 퀵바 상단 [교재 무료자료] 클릭 ▶ [취업교재 무료자료 다운로드 페이지]에서 본 교재 우측의 해당 자료 다운로드 클릭 ▶ 위 쿠폰번호 입력 후 이용

취업 인강 20% 할인쿠폰

CAFA 65AA 822A B882

해커스공기업 사이트(public.Hackers.com) 접속 후 로그인 ▶ 사이트 메인 우측 상단 [마이클래스] 클릭 ▶ 상단 [결제관리 - 포인트 · 쿠폰 · 수강권] 클릭 ▶ [쿠폰/수강권 등록하기]에 위 쿠폰번호 입력 ▶ 본 교재 강의 결제 시 쿠폰 적용

* 쿠폰 유효기간: 2024년 12월 31일까지
* 한 ID당 1회에 한해 등록 및 사용 가능/다른 쿠폰과 중복 사용 불가
* 이벤트 강의 및 프로모션 강의 적용 불가

FREE 무료 바로 채점 및 성적 분석 서비스

해커스공기업 사이트(public.Hackers.com) 접속 후 로그인 ▶
사이트 메인 우측 퀵바 상단의 [교재 무료자료] 클릭 ▶
[취업교재 무료자료 다운로드 페이지] 접속 ▶ [바로 채점 서비스] 클릭

▲ 바로 이용

FREE 1:1 질문/답변 서비스

해커스공기업 사이트(public.Hackers.com) 접속 후 로그인 ▶ [마이클래스] 클릭 ▶
[선생님께 질문하기] 클릭

▲ 바로 이용

공기업 취업의 모든 것, 해커스공기업 **public.Hackers.com**

해커스공기업 쉽게 끝내는 기계직 기본서

해커스공기업

권대영

학력
- 서울대학교 공과대학 졸업
- 서울대학교 공과대학 대학원 졸업(기계설계학 석사)

경력
- (현) 해커스자격증 소방설비기사 강사
- (현) 해커스자격증 소방설비산업기사 강사
- (현) 해커스잡 기계일반 강사
- (전) 서울대학교 정밀연구소 연구원(정밀기계 개발업무)
- (전) 인천대, 수원대, 동양공전 기계공학과 강사
- (전) (주)삼성전자 주임연구원(ECIM 업무)
- (전) (주)LG전자 선임연구원(냉동기 개발업무)
- (전) (주)모든직업 연구소 소장(기계설비교육 및 교재 개발업무)

저서
- 해커스 소방설비기사·산업기사 필기 기계 필수이론 + 과년도 기출문제

공기업 기계직 전공 시험 합격 비법,
해커스가 알려드립니다.

"많은 양의 기계직 공부는 어떻게 해야 하나요?"
"난도 높은 문제에 어떻게 대비해야 하나요?"

많은 학습자가 공기업 기계직 전공 시험의 학습방법을 몰라 위와 같은 질문을 합니다.
방대한 양과 어려운 내용 때문에 어떻게 학습해야 할지 갈피를 잡지 못하고,
막연한 두려움을 갖는 학습자들을 보며 해커스는 고민했습니다.
해커스는 공기업 기계직 전공 시험 합격자들의 학습방법과 최신 출제 경향을
면밀히 분석하여 단기 완성 비법을 이 책에 모두 담았습니다.

『해커스공기업 쉽게 끝내는 기계직 기본서』
전공 시험 합격 비법

1. 시험에 항상 출제되는 주요 이론을 체계적으로 학습한다.
2. 다양한 출제예상문제를 통해 실전 감각을 키운다.
3. 최신 출제 경향과 난이도를 반영한 기출동형모의고사로 마무리한다.
4. 시험 직전까지 '시험장까지 가져가는 기계직 핵심 이론 정리 노트
(PDF)'로 핵심 내용을 최종 점검한다.

이 책을 통해 공기업 기계직 전공 시험을 준비하는 수험생들 모두
합격의 기쁨을 누리시기를 바랍니다.

목차

PART 1 이론&출제예상문제

제1장 기계공작법

제2장 기계재료

제3장 재료역학

제4장 유체역학

[온라인 제공]
**시험장까지 가져가는
기계직 핵심 이론 정리 노트(PDF)**

공기업 기계직 전공 시험 합격 비법

1 시험에 항상 출제되는 주요 이론을 체계적으로 학습한다!

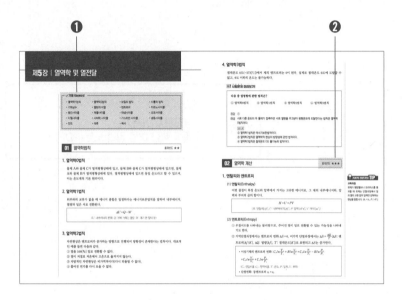

❶ 기출 Keyword

자주 출제되는 용어를 한눈에 파악할 수 있
도록 정리하여 이론 학습 전후로 읽어 보며
기출 키워드를 짚고 넘어갈 수 있다.

❷ 출제빈도 표시

출제빈도를 ★~★★★로 표시하여 방대한
양의 기계 이론 중 어느 부분을 더 중점적으
로 공부할지에 대한 전략을 세울 수 있다.

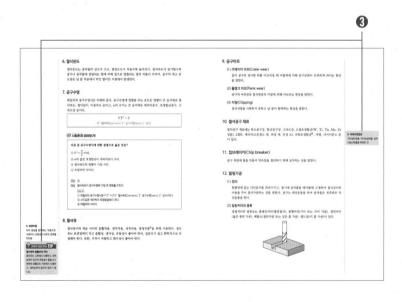

❸ 기계직 전문가의 Tip & 용어 설명

기계직 전문가인 저자 선생님이 제안하는
이론 이해에 도움이 되는 Tip으로 이론을
재미있고 풍부하게 배울 수 있다. 또한, 생
소한 전문 용어의 뜻도 함께 수록하여 처음
보는 용어도 누구나 쉽게 이해할 수 있다.

2 **시험문제 미리보기**와 다양한 **출제예상문제**로 **실전 감각**을 키운다!

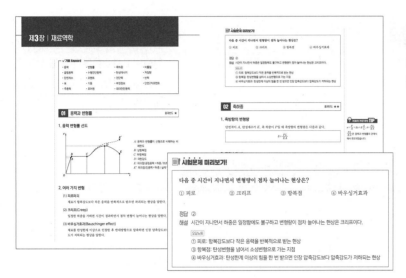

시험문제 미리보기!

핵심 이론에 대한 대표문제로 이론이 문제에 어떻게 적용되는지 바로 확인하고 이론을 정확히 이해하였는지 점검할 수 있다.

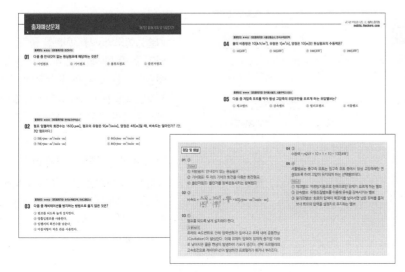

출제예상문제

공기업 기계직 전공 시험에 출제될 가능성이 큰 다양한 유형과 난이도의 문제를 풀어보며 실전 감각을 키울 수 있다. 정답에 대한 상세한 해설뿐 아니라 오답에 대한 해설도 꼼꼼히 수록하여 모든 문제를 내 것으로 만들 수 있으며, 출제빈도와 대표출제기업을 분석하여 기업별 출제 경향도 확인할 수 있다. 또한, '더 알아보기'를 수록하여 관련 개념을 다시 한번 학습할 수 있다.

3 최신 출제 경향과 난이도를 반영한 **기출동형모의고사**로 **마무리**한다!

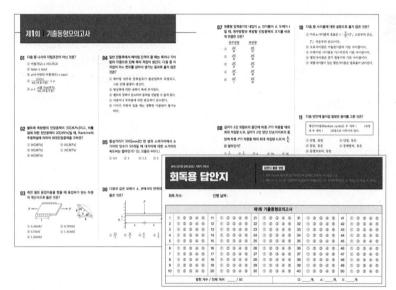

기출동형모의고사(총 3회분)

최신 출제 경향과 난이도를 반영한 기출동형모의고사 3회분을 통해 실전을 대비하며 자신의 실력을 점검해보고 실전 감각을 극대화할 수 있다.

3회독용 답안지

기출동형모의고사에 회독용 답안지를 활용하여 실전 대비 연습을 할 수 있으며, 정확하게 맞은 문제[O], 찍었는데 맞은 문제[△], 틀린 문제[X]의 개수도 체크하여 회독 회차가 늘어감에 따라 본인의 실력 향상 여부도 확인할 수 있다.

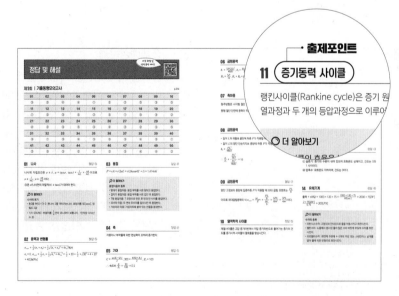

출제포인트 활용 방법

기출동형모의고사 3회분을 풀어보며 다시 봐야 할 문제(틀린 문제, 풀지 못한 문제, 헷갈리는 문제 등)는 각 문제에 관련된 출제포인트를 p.4~5의 목차에서 찾아 보다 쉽게 취약한 부분을 복습할 수 있다.

바로 채점 및 성적 분석 서비스

해설에 수록된 QR코드를 통해 기출동형모의고사의 정답을 입력하면 성적 분석 결과를 확인할 수 있으며, 성적 위치와 취약 영역을 파악할 수 있다.

4 시험 직전까지 **PDF 자료집**으로 **핵심 내용을 최종 점검**하여 공기업 기계직을 정복한다!

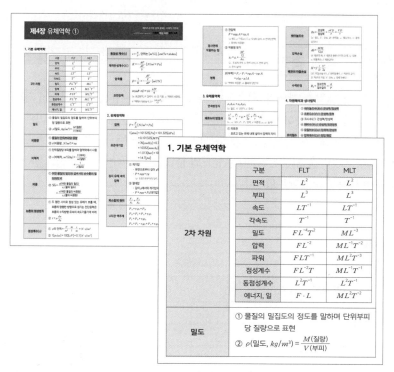

시험장까지 가져가는 기계직 핵심 이론 정리 노트(PDF)

해커스공기업 사이트(public.Hackers. com)에서 제공하는 '시험장까지 가져가는 기계직 핵심 이론 정리 노트(PDF)'의 핵심 이론으로 시험 직전까지 시험에 자주 출제되는 내용을 최종 점검할 수 있다.

1. 기본 유체역학

구분		FLT	MLT
	면적	L^2	L^2
	부피	L^3	L^3
	속도	LT^{-1}	LT^{-1}
	각속도	T^{-1}	T^{-1}
2차 차원	밀도	$FL^{-4}T^2$	ML^{-3}
	압력	FL^{-2}	$ML^{-1}T^{-2}$
	파워	FLT^{-1}	ML^2T^{-3}
	점성계수	$FL^{-2}T$	$ML^{-1}T^{-1}$
	동점성계수	L^2T^{-1}	L^2T^{-1}
	에너지, 일	$F \cdot L$	ML^2T^{-2}
밀도	① 물질의 밀집도의 정도를 말하며 단위부피 당 질량으로 표현 ② $\rho(밀도,\ kg/m^3) = \dfrac{M(질량)}{V(부피)}$		

공기업 기계직 전공 시험 안내

공기업 기계직 전공 시험이란?

대다수의 공기업·공사공단은 채용 시 직무능력평가를 치르며 직무능력평가를 전공 시험으로 대체하는 기업이 있습니다. 기계직 전공 시험은 관련 분야 자격증을 보유한 수험생이 많아 합격 커트라인이 높기 때문에 더욱 철저한 준비가 필요합니다. 보통 열역학, 유체역학, 재료역학, 기계재료, 기계설계 등으로 구성되며, 기업마다 출제과목이 상이합니다.

공기업 기계직 전공 시험 특징 및 최신 출제 경향

출제과목과 출제내용은 기업마다 다르지만 대체로 열역학, 유체역학, 재료역학의 출제비중이 높은 편입니다. 공기업 기계직 전공 시험에 출제되는 문제는 일반기계기사 시험 문제와 유형이 비슷하며, 최근 공식만으로 풀 수 있는 문제보다 개념과 이론을 알아야 풀 수 있는 문제가 자주 출제되고 있습니다. 따라서 기계재료, 기계공작법, 기계설계에서 자주 출제되는 개념과 이론을 반드시 암기해야 하며, 특히 기계설계는 이론을 집중적으로 학습하는 것이 좋습니다. 열전달은 난도와 중요도가 모두 높은 편이므로 철저한 대비가 필요하고 유압기기, 유체기계, 측정과 제도에 대한 내용도 학습해야 합니다.

공기업 기계직 전공 시험 시행 기업

기업	출제과목	시험 정보
한국전력공사	지원분야 기사 수준	총 55문항/60분 (직업기초능력 40문항 포함)
한국수력원자력	지원분야 전공지식 수준	총 80문항/90분 (직업기초능력 50문항, 상식 5문항 포함)
한국수자원공사	열역학, 유체역학, 유체기계, 기계설계	총 30문항/30분 (K-water 수행사업 9문항 포함)
한국지역난방공사	열역학, 유체역학, 재료역학, 기계재료, 기계공작법, 기계요소 및 설계, 열전달 등	총 100문항/100분 (직업기초능력 50문항 포함)
한국가스공사	열역학, 유체역학, 고체역학, 동역학, 재료와 제조공정, 기계시스템해석, 열전달, 수치해석, 진동공학 등	총 50문항/50분
한국가스기술공사	지원분야 기사 수준	총 100문항/120분 (직업기초능력 50문항 포함)
한국철도공사	열역학, 유체역학, 재료역학, 기계재료, 기계설계	총 50문항/60분 (직업기초능력 25문항 포함)

한국동서발전	열역학, 유체역학, 재료역학, 동역학 등 기계일반	총 50문항/50분 (한국사 10문항 포함)
한국남부발전	지원분야 기사 수준	총 90문항/80분 (한국사 20문항, 영어 20문항 포함)
한국남동발전	열역학, 유체역학, 재료역학, 기계요소 및 설계 등 기계일반	총 60문항/55분
한국중부발전	열역학, 유체역학, 재료역학, 동역학 등 기계일반	총 70문항/80분 (한국사 10문항, 직무상황 연계형 10문항 포함)
한국서부발전	열역학, 유체역학, 재료역학, 기계재료 등 일반기계기사 수준	총 60문항/60분 (한국사 10문항 포함)
한국도로공사	열역학, 유체역학, 재료역학, 기계설계	총 40문항/50분
한국농어촌공사	열역학, 유체기계, 재료역학	총 40문항/40분
서울교통공사	기계일반	총 80문항/100분 (직업기초능력 40문항 포함)
한국공항공사	기계공학 전반	총 50문항/50분
한국토지주택공사	열역학, 유체역학, 재료역학, 기계재료 및 유압기기, 유체기계, 공기조화, 소방원론	총 80문항/80분 (직업기초능력 50문항 포함)
국가철도공단	기계일반, 기계설계, 기계공작법, 공기조화설비	총 50문항/50분
한국에너지공단	열역학, 유체역학, 재료역학	총 40문항/50분
한전KPS	열역학, 유체역학, 재료역학, 기계재료 및 유압기기, 동역학	총 50문항/50분
한국가스안전공사	열역학, 유체역학, 재료역학, 기계재료 및 유압기기, 기계제작 법 및 동역학	총 40문항/50분
부산교통공사	기계일반	총 100문항/100분 (직업기초능력 50문항 포함)
대구도시철도공사	기계일반	총 80문항/80분 (직업기초능력 40문항 포함)

* 한국가스공사, 한국남동발전, 한국도로공사, 한국농어촌공사, 한국공항공사, 국가철도공단, 한국에너지공단, 한전KPS, 한국가스안전공사의 전공 시험은 직업기초능력평가, 한국사 등 다른 시험 시간을 포함하지 않습니다.

* 공기업 기계직 전공 시험 시행 기업은 2021년~2022년 상반기 채용정보를 기준으로 하였으며, 기업별 채용정보는 변경될 수 있으므로 상세한 내용은 기업별 채용공고를 반드시 확인하시기를 바랍니다.

공기업 기계직 전공 시험을 대비하는 학습자의 질문 BEST 5

공기업 기계직 전공 시험을 준비하는 학습자들이 가장 궁금해하는 질문 BEST 5와 이에 대한 기계직 전문가의 답변입니다. 학습 시 참고하여 공기업 기계직 전공 시험에 효율적으로 대비하세요.

공기업 기계직 전공 시험은 어떻게 공부해야 효율적일까요?

개념과 이론 위주로 학습한 다음 문제를 여러 번 회독하여 부족한 부분을 보완하는 것이 좋습니다.

많은 수험생이 일반기계기사 과년도 문제 위주로 암기하는데, 이러한 방법으로 학습하다 보면 문제가 조금만 변형되어도 문제 풀이에 어려움을 겪게 됩니다. 따라서 이론을 꼼꼼히 학습한 후에 다양한 난이도와 유형의 문제를 통해 반복 학습을 해야 합니다.

다만, 열역학, 유체역학, 재료역학, 열전달에 비해 출제비중과 중요도가 낮은 기계재료, 기계공작법은 반복해서 출제되는 문제 위주로 암기하고, 자주 출제되지 않는 동역학, 진동학은 필수 암기사항 위주로 정리해 두는 것이 효율적입니다.

기계직 전공 필기시험을 시행하는 공기업은 어디가 있을까요?

2021년~2022년 상반기 기준으로 한국전력공사, 한국수력원자력, 한국수자원공사, 한국지역난방공사, 한국가스공사, 한국철도공사, 한국남동발전, 서울교통공사, 한국도로공사 외 다수의 기업에서 기계직 전공 필기시험을 시행하고 있습니다.

다만, 기업마다 출제과목과 출제 문항 수가 다르니 p.10~11의 [공기업 기계직 전공 시험 안내] 정보와 기업의 채용공고를 확인하시고, 원하시는 기업의 난이도, 과목, 문항 수에 맞게 전략을 수립하여 준비하시기를 바랍니다.

기업마다 시험에 출제되는 과목에 차이가 있는데,
지원하고자 하는 기업의 출제과목만 공부해도 충분할까요?

기계직 전공과목의 전반을 이해하는 것이 중요합니다.

기업마다 출제과목은 다르지만 기계직 전공과목의 전반을 학습해야 합니다. 기계직은 전공 과목
수가 많은데, 그중 열역학, 유체역학, 재료역학과 열전달이 가장 중요합니다. 그렇다고 다른 과목
과 동역학, 진동학을 소홀히 해서는 안 됩니다. 열전달은 전공자이더라도 해당 과목을 수강하지 않
았던 학습자에게는 어려울 수 있으므로 꼼꼼히 학습하고, 기계설계는 전체적으로 체계를 잡은 다
음 세부적으로 공식을 암기하면 어렵지 않습니다. 기계재료나 기계공작법은 난도는 높지 않으나
암기해야 할 사항이 많습니다. 특히 공기조화, 냉동기, 열기관 등은 개념 이해가 필수이므로 교재
학습 후 세부 내용을 암기하시기를 바랍니다.

기계직 전공 시험 단기 합격을 위해서는 얼마나 공부해야 할까요?

본인의 실력 및 학습 성향에 맞는 학습플랜에 따라 보통 30일 정도 공부하면 충분합니다.

전공 시험은 1년이나 그 이상 학습하는 수험생이 많으나, 본인의 실력 및 학습 성향에 맞는 학습플
랜에 따라 학습하면 더욱 짧은 기간에 공기업 기계직 전공 시험에 대비할 수 있습니다.

기계직 전공 시험의 난이도가 어떻게 되나요?

일반기계기사 시험의 난이도와 유사하거나 그보다 어려운 편입니다.

기업마다 출제 난이도는 다르지만 출제비중이 높은 열역학, 유체역학, 재료역학을 기준으로 보면
재료역학은 일반기계기사 시험 수준보다 쉬워 난도가 낮은 편이고, 열역학과 유체역학은 일반기
계기사 시험 수준보다 어렵고 난도가 점점 높아지는 추세입니다. 기계직 전공 시험의 난이도는 해
마다, 기업마다 다르기 때문에 단순 암기보다는 이해 위주로 깊이 있게 학습하여 철저히 대비해
야 합니다.

공기업 기계직 합격을 위한 맞춤 학습플랜

자신에게 맞는 학습플랜을 선택하여 본 교재를 학습하세요.
해커스공기업 사이트(public.Hackers.com)에서 제공하는 '시험장까지 가져가는 기계직 핵심 이론 정리 노트(PDF)'는 복습 혹은 시험 직전 단기 공부 시 이용하시길 바라며, 더 효과적인 학습을 원한다면 해커스공기업 사이트에서 제공하는 동영상강의를 함께 수강해보세요.

30일 완성 학습플랜

👍 기계직 전공에 입문하시는 분에게 추천해요.

기계직 전공 기본기가 부족하여 이론을 집중적으로 학습해야 하는 분은 이론을 정독하며 반복 학습 후 출제예상문제를 풀며 정리한다면 30일 안에 시험 준비를 마칠 수 있어요.

1일 차 ☐	2일 차 ☐	3일 차 ☐	4일 차 ☐	5일 차 ☐
제1장 이론 학습	제1장 이론 복습 및 출제예상문제 풀이	제2장 이론 학습	제2장 이론 복습 및 출제예상문제 풀이	제3장 이론 학습

6일 차 ☐	7일 차 ☐	8일 차 ☐	9일 차 ☐	10일 차 ☐
제3장 이론 복습 및 출제예상문제 풀이	제4장 이론 학습	제4장 이론 복습 및 출제예상문제 풀이	제5장 이론 학습	제5장 이론 복습 및 출제예상문제 풀이

11일 차 ☐	12일 차 ☐	13일 차 ☐	14일 차 ☐	15일 차 ☐
제6장 이론 학습	제6장 이론 복습 및 출제예상문제 풀이	제7장 이론 학습	제7장 이론 복습 및 출제예상문제 풀이	제8장 이론 학습

16일 차 ☐	17일 차 ☐	18일 차 ☐	19일 차 ☐	20일 차 ☐
제8장 이론 복습 및 출제예상문제 풀이	제1회 기출동형모의고사 풀이 및 해설	제2회 기출동형모의고사 풀이 및 해설	제3회 기출동형모의고사 풀이 및 해설	제1장 복습

21일 차 ☐	22일 차 ☐	23일 차 ☐	24일 차 ☐	25일 차 ☐
제2장 복습	제3장 복습	제4장 복습	제5장 복습	제6장 복습

26일 차 ☐	27일 차 ☐	28일 차 ☐	29일 차 ☐	30일 차 ☐
제7장 복습	제8장 복습	제1회 기출동형모의고사 풀이 및 해설	제2회 기출동형모의고사 풀이 및 해설	제3회 기출동형모의고사 풀이 및 해설

20일 완성 학습플랜

👍 기계직 전공 기본기가 있는 분에게 추천해요.

기계직 전공 기본기가 어느 정도는 있고 취약한 부분 위주로 학습해야 하는 분은 문제 풀이 후 취약한 부분을 파악하여 관련 이론을 반복 학습한다면 20일 안에 시험 준비를 마칠 수 있어요.

1일 차 ☐	2일 차 ☐	3일 차 ☐	4일 차 ☐	5일 차 ☐
제1장 이론 학습	제1장 이론 복습 및 출제예상문제 풀이	제2장 이론 학습	제2장 이론 복습 및 출제예상문제 풀이	제3장 이론 학습
6일 차 ☐	**7일 차 ☐**	**8일 차 ☐**	**9일 차 ☐**	**10일 차 ☐**
제3장 이론 복습 및 출제예상문제 풀이	제4장 이론 학습	제4장 이론 복습 및 출제예상문제 풀이	제5장 이론 학습	제5장 이론 복습 및 출제예상문제 풀이
11일 차 ☐	**12일 차 ☐**	**13일 차 ☐**	**14일 차 ☐**	**15일 차 ☐**
제6장 학습	제7장 학습	제8장 이론 학습	제8장 이론 복습 및 출제예상문제 풀이	제1~2회 기출동형모의고사 풀이 및 해설
16일 차 ☐	**17일 차 ☐**	**18일 차 ☐**	**19일 차 ☐**	**20일 차 ☐**
제3회 기출동형모의고사 풀이 및 해설	제1~2장 복습	제3~4장 복습	제5~6장 복습	제7~8장 복습

10일 완성 학습플랜

👍 기계직 전공 이론에 자신 있는 분에게 추천해요.

기계직 전공 기본기가 충분하여 문제 풀이 능력을 집중적으로 향상시켜야 하는 분은 이론을 간단히 학습 후 문제 풀이에 집중한다면 10일 안에 시험 준비를 마칠 수 있어요.

1일 차 ☐	2일 차 ☐	3일 차 ☐	4일 차 ☐	5일 차 ☐
제1장 학습	제2장 학습	제3장 학습	제4장 학습	제5장 학습
6일 차 ☐	**7일 차 ☐**	**8일 차 ☐**	**9일 차 ☐**	**10일 차 ☐**
제6장 학습	제7장 학습	제8장 학습	제1~2회 기출동형모의고사 풀이 및 해설	제3회 기출동형모의고사 풀이 및 해설

해커스공기업 쉽게 끝내는 기계직 기본서

공기업 취업의 모든 것, 해커스공기업
public.Hackers.com

PART 1

이론 & 출제예상문제

제1장 기계공작법

◼ 학습목표

1. 주조의 주요 공정과 불량을 파악한다.
2. 소성가공의 종류와 특성을 이해한다.
3. 용접의 종류와 강도 특성을 이해한다.
4. 출제빈도가 높은 절삭가공의 특징과 특수가공, 연삭을 이해한다.

◼ 대표출제기업

2021년~2022년 상반기 필기시험 기준으로 한국남동발전, 서울교통공사, 한국동서발전, 부산교통공사, 한국지역난방공사, 한국가스안전공사, 대구도시철도공사, 서울주택도시공사, 국가철도공단 등의 기업에서 출제하고 있다.

▦ 출제비중

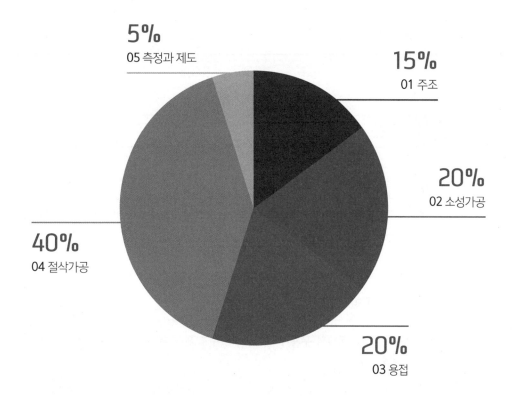

5%
05 측정과 제도

15%
01 주조

20%
02 소성가공

20%
03 용접

40%
04 절삭가공

• 주조	• 다이캐스팅	• 인베스트먼트 주조법	• 압연
• 인발	• 아크용접	• 가스용접	• 전자빔용접
• 플라즈마 아크용접	• 구성인선	• 공구수명	• 절삭공구
• 연삭	• 센터리스 연삭기	• 연삭숫돌	• 방전가공
• 초음파가공	• CNC	• 공차	• 끼워맞춤

01 주조

출제빈도 ★

1. 정의

목형을 제작하고, 목형에 녹은 쇳물을 부어 원하는 형태의 금속제품을 만드는 가공법을 말한다.

$$주물의 \ 무게 = \frac{주철의 \ 비중}{목형의 \ 비중} \times 목형의 \ 무게$$

📋 시험문제 미리보기!

비중이 0.5인 목형의 무게가 2[kg]이다. 주조 완성 후 주물의 무게는 얼마인가? (단, 주철의 비중은 7이다.)

① 14[kg] ② 20[kg] ③ 28[kg] ④ 35[kg]

정답 ③

해설 주물의 무게 = $\frac{주철의 \ 비중}{목형의 \ 비중}$ × 목형의 무게 = $\frac{7}{0.5}$ × 2 = 28[kg]

2. 목형제작 유의사항

(1) 가공여유

주물을 만들 때 주조 후 절삭 또는 다듬질 가공의 여유까지 고려하여 크게 만드는 것을 말한다.

(2) 수축여유

주물이 냉각될 때 수축하는 것을 고려하여 목형을 크게 만드는 것을 말한다. 주물의 수축 여유는 주물의 재질에 따라 주물자를 사용하여 결정한다.

(3) 목형구배

목형을 주형에서 쉽게 떼기 위한 목형의 기울기를 말한다. 목형의 기울기는 2~3° 또는 1[m]당 6~8[mm] 정도를 둔다.

(4) 코어(Core)와 코어프린트(Core print)

가운데가 빈 형태의 주물을 만들려면 반대로 모형은 가운데 부분만 만드는데, 이것을 코어라고 한다. 코어가 쇳물에 떠 있으면 부력에 의해 움직일 수 있으므로 이를 고정하여 움직이지 않도록 하는 것이 코어프린트이다.

(5) 라운딩(Rounding)

모서리 부분의 결정립[1]이 성장하여 불순물이 되지 않도록 모서리 부분을 곡선 모양으로 만드는 것을 말한다.

(6) 덧붙임

주물의 두께가 균일하지 않거나 형상이 복잡하면 냉각속도의 차이에 의한 내부응력이 발생하는데, 이를 방지하기 위해 보강대를 설치하는 것을 말한다.

1) 결정립
금속재료 등에서 결정 입자가 현미경적 크기의 불규칙한 형상의 집합으로 되어 있는 것

3. 주형제작 및 주조공정

(1) 주형의 종류

① 사형주형: 모래, 석고를 이용한 일회성 주형
② 금속주형: 반복 사용이 가능한 영구 주형

(2) 주형제작법

① 바닥주형법: 밑바닥에 주형을 만드는 방법으로, 거친 주물 제작에 이용한다.
② 혼성주형법: 바닥주형과 그 위의 주물상자로 주형을 만드는 방법으로, 대형주물 제작에 이용한다.
③ 조립주형법: 2개 이상의 주형상자를 이용하는 방법으로, 정밀 주조가 가능하고 가장 많이 이용한다.

4. 주물사

(1) 정의

주형을 만드는 데 사용하는 모래로, 주물의 바깥 형태를 모래(석영, 장석, 운모, 점토)로 만들고 그 안에 녹은 쇳물을 부어 주물제품을 완성하며, 주물사의 품질이 주물제품의 표면에 직접적인 영향을 미친다.

(2) 구비조건

주물사의 구비조건으로는 성형성, 통기성, 내압성, 보온성, 경제성, 복용성(반복 사용), 신축성, 내화성, 용해불량성 등이 있다.

(3) 종류

① 주철용 주물사
  - 산사: 생형모래를 사용하고, 수분과 점토에 의해 점결성이 결정된다.
  - 건조사: 생형모래보다 점토를 더 많이 배합하고, 통기성을 증가시키기 위해 코크스, 톱밥, 볏짚을 사용한다.

② 주강용 주물사: 내화성이 크고 통기성이 양호한 모래를 사용하며, 점결제로 내화점토 또는 벤토나이트를 사용한다.

③ 비철합금용 주물사: 용융온도가 낮고 성형성이 좋으며, 소금을 첨가하여 사용한다.

▤ ㅣ 시험문제 미리보기!

> **다음 중 주물사의 조건으로 옳지 않은 것은?**
>
> ① 통기성과 내화성이 좋아야 한다.
> ② 반복 사용이 안 된다.
> ③ 용해성이 불량해야 한다.
> ④ 성형성이 좋아야 한다.
>
> 정답 ②
> 해설 주물사는 복용성(반복 사용)이 좋아야 한다.

5. 주조방안(주조방법)

(1) 탕구계

용융된 쇳물을 주형 안에 주입하기 위한 시스템으로, 쇳물받이(Pouring cup), 탕구(Sprue), 탕도(Runner), 주입구(Gate)로 구성된다.

(2) 탕구계 설계 시 고려사항

① 탕구의 크기는 단위시간당 주입량에 따라 결정한다.
② 탕구의 단면은 원형이며, 단면이 좁을수록 유동속도가 빠르다.
③ 단위시간당 주입량이 많을수록 공기배출이 나빠진다.
④ 쇳물의 온도에 따라 주입량을 조절하고, 낮은 온도의 쇳물은 다량주입한다.
⑤ 탕구에서 먼 곳부터 응고되는 온도구배가 되어야 한다.

(3) 주입속도

$$v = C\sqrt{2gh}$$

(v: 유속$[cm/s]$, C: 유량계수, g: 중력가속도$[cm/s^2]$, h: 탕구높이$[m]$)

📋 시험문제 미리보기!

탕구높이가 4배로 증가하면 주입속도는 몇 배가 되는가?

① 0.5배　　　② 2배　　　③ 4배　　　④ 16배

정답 ②
해설 $v_0 = C\sqrt{2gh}$이므로 만약 $4h$가 되면 $v_1 = C\sqrt{2g4h} = 2v_0$, 즉 2배가 된다.

6. 덧쇳물(압탕)

주조에서 주입된 쇳물이 주형 속에서 응고될 때 주물의 수축을 방지하기 위해 쇳물을 보충하는 것을 말한다. 덧쇳물은 쇳물에 압력을 주어 조직이 치밀해지게 하고, 주형 내 공기를 제거하며 주입량을 알 수 있게 한다. 또한, 주형 내 가스를 방출하여 수축공을 예방한다.

$$t = B\left(\frac{V}{S}\right)^2$$

(t: 응고시간, V: 주물의 부피, S: 표면적, B: 주형상수)

7. 특수주조법

(1) 다이캐스팅(Die casting)

① 용융금속을 금형에 압력을 가해 사출시킨다.
② 치수가 정밀하고, 마무리공정을 생략할 수 있다.
③ 비철금속(Cu, Al, Zn, Sn, Mg)을 사용한다.

(2) 인베스트먼트 주조법(Investment casting)

① 모형을 왁스로 만드는 방법으로, 로스트왁스법(Lost wax process)이라고도 한다.
② 복잡하고 치수가 정밀한 부품을 주조할 수 있다.
③ 고용융점 합금의 주조에 적합하다.

(3) 풀몰드(Full mold)

① 폴리스티렌 모형을 사용하여 쇳물로 기화시킨다.
② 모형을 분할하지 않고, 코어가 필요 없다.

📋 시험문제 미리보기!

다음 중 로스트왁스법이라고도 하며 주물의 표면이 깨끗하고 치수정밀도가 높은 주조법은?

① 다이캐스팅   ② 인베스트먼트 주조법
③ 셀주조법   ④ 원심주조법

정답 ②
해설 인베스트먼트 주조법은 주물과 동일한 모형을 왁스나 파라핀으로 만들어 모형을 녹이면서 주물이 들어가며, 고정밀도의 주물을 만들 수 있다.

오답노트
① 다이캐스팅: 정밀금형에 금속을 고속고압으로 사출시키는 주조법
③ 셀주조법: 규소와 열경화성 수지로 금형을 빠르게 제조하여 주조하는 주조법
④ 원심주조법: 원심력을 이용하여 치밀하고 결함이 없는 주물을 대량생산하는 주조법

8. 주물의 결함

(1) 기공

용융금속 중의 가스가 배출되지 않는 것을 말한다.

(2) 수축공

최후에 응고되는 부분의 수축으로 중공이 발생하는 것을 말한다.

(3) 편석

주물의 일부분에 불순물이 집중되어 처음과 나중의 결정배합이 달라지는 것을 말한다.

(4) 치수불량

잘못된 주물자 선정, 코어의 이동, 목형의 변형 등으로 인해 치수가 정확하지 않은 것을 말한다.

(5) 표면결함

가스 발생, 모래의 연소 등으로 인해 표면이 거칠어지거나 표면에 요철이 생기는 것을 말한다.

(6) 변형과 균열

응고되면서 수축변형량이 다를 때 내부응력이 발생하여 변형이 생기고, 변형량이 과대하면 균열이 생긴다.

기계직 전문가의 TIP

ICFTA(국제주조기술위원회)에서 지정한 7가지 주물결함으로는 표면결함, 치수결함, 금속돌출, 기공, 불연속, 충전 불량, 개재물이 있습니다.

1. 정의

금속의 가단성, 가소성, 연성을 이용하는 가공으로, 재결정온도 이상에서 가공하는 열간가공과 재결정온도 이하에서 가공하는 냉간가공이 있다.

2. 종류

(1) 압연(Rolling)

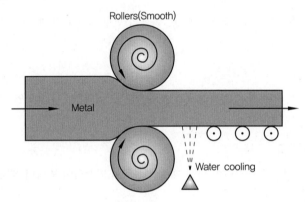

① 정의

회전하는 2개의 롤러 사이에 금속재료를 통과시켜 관재, 봉재 등을 만드는 가공법을 말한다.

② 자립조건

$$\mu = \tan\alpha$$

(μ: 마찰계수, α: 접촉각)

③ 특징

- 작업속도가 빠르고, 조직이 미세화된다.
- 재질이 균일한 제품을 얻을 수 있다.
- Non slip point[2]에서 최소압력이 발생한다.

④ 압하율과 출구속도

- 압하율 $= \dfrac{t_0 - t_1}{t_0} \times 100$

(t_0: 가공 전 판 두께, t_1: 가공 후 판 두께)

- 출구속도 $= v_0 \times \dfrac{t_0}{t_1}$

(t_0: 가공 전 판 두께, t_1: 가공 후 판 두께, v_0: 진입속도)

2) Non slip point

롤의 회전속도와 재료의 진행속도가 같아서 상대적으로 속도 차이가 없는 점

(2) 인발(Drawing)

① 정의

다이에 금속봉이나 관을 넣고 잡아당겨서 지름을 줄이는 가공법을 말한다.

② 인발가공

벨(Bell, 도입부) → 어프로치(Approach, 안내부) → 베어링(Bearing, 정형부) → 릴리프(Relief, 안내부)

③ 인발 공식

- 단면감소율 $= \dfrac{A_2 - A_1}{A_1} \times 100[\%]$

- 가공도 $= \dfrac{A_2}{A_1} \times 100[\%]$

(A_1: 가공 전 단면적, A_2: 가공 후 단면적)

▤ 시험문제 미리보기!

지름 $20[mm]$의 와이어를 $10[mm]$로 인발할 때의 가공도는?

① $15[\%]$ ② $25[\%]$ ③ $30[\%]$ ④ $50[\%]$

정답 ②

해설 $\dfrac{\text{가공 후 단면적}}{\text{가공 전 단면적}} = \dfrac{\frac{\pi}{4} \times 10^2}{\frac{\pi}{4} \times 20^2} \times 100 = 25[\%]$

(3) 압출(Extruding)

① 정의

실린더 모양의 컨테이너에 금속을 넣고 램으로 압력을 가하는 가공법을 말한다.

② 종류

- 직접압출: 램의 이동 방향과 같은 방향으로 소재가 압출되도록 하는 방법으로, 재료 손실이 많다.
- 간접압출: 램의 이동 방향과 반대 방향으로 소재가 압출되도록 하는 방법으로, 재료 손실이 적다.

③ 압출결함

- 파이프결함(Pipe defect): 원추형 다이 안에서 소재 표면의 불순물이나 산화물이 중심으로 밀려나오는 불량 현상
- 세브론결함(Chevron cracking): 중심부에서 중심선을 따라 발생하는 균열
- 표면균열(Surface cracking): 적열취성으로 인해 표면온도가 급격하게 상승하여 발생하는 균열

(4) 프레스가공(Pressing)

① 정의

펀치와 다이로 판재를 압축성형하는 가공법을 말한다.

② 종류

- 전단가공
  - 블랭킹(Blanking): 판재에서 펀치로 원하는 제품을 뽑아내는 것
  - 펀칭(Punching): 판재에 구멍을 뚫는 것
  - 전단(Shearing): 판재의 한쪽을 직선 또는 곡선으로 절단하는 것
  - 트리밍(Trimming): 인발가공 후 원하는 형상으로 둥글게 자르는 작업
  - 셰이빙(Shaving): 날카로운 부분을 다듬는 것
  - 노칭(Notching): 제품의 일부에 다양한 따내기 작업을 하는 것
  - 분단(Parting): 판재를 2개로 절단하는 것
- 압축가공
  - 압인가공(Coining): 상하 제품이 별개의 두께를 가지도록 하는 것으로, 동전이나 메달 등을 만드는 데 이용
  - 엠보싱(Embossing): 판재의 두께가 일정한 요철을 만드는 것
  - 스웨이징(Swaging): 상대적으로 작은 부분만을 압축하는 것
- 성형가공
  - 스피닝(Spinning): 금속판 또는 파이프 모양의 소재를 회전시키면서 동시에 롤러로 가압하여 성형하는 회전 소성가공법
  - 시밍(Seaming): 여러 겹으로 소재를 구부려 두 장의 소재를 연결하는 가공법
  - 컬링(Curling): 원통 용기의 끝 부분을 둥글게 마는 가공법
  - 벌징(Bulging): 재료의 중간 부분이 불룩하게 나오도록 하는 가공법
  - 비딩(Beading): 오목 또는 볼록 형상의 롤러 사이에 재료를 넣어서 홈을 만드는 작업
  - 마포밍(Marforming): 다이 대신 고무를 사용하여 성형가공하는 방법
  - 하이드로포밍(Hydroforming): 액체와 판재 사이를 이중 고무막으로 눌러 성형하는 방법

③ 펀치력

$$\tau \pi d t$$

(τ: 전단응력, d: 원판직경, t: 두께)

기계직 전문가의 TIP

플랜징(Flanging)
소재의 단부를 직각으로 굽히는 작업을 말합니다.

(5) 단조(Forging)

① 정의

금속재료를 단조기계나 해머로 두들기는 가공법을 말한다.

② 종류

- 열간단조: 해머단조(Hammer forging), 프레스단조(Press forging), 업셋단조(Upset forging), 압연단조(Roll forging)
- 냉간단조: 콜드헤딩(Cold heading), 코이닝(Coining), 스웨이징(Swaging)

(6) 딥드로잉(Deep drawing)

① 정의

금속판재로 원통이나 각통처럼 이음매 없는 바닥이 있는 용기를 만드는 가공법을 말한다.

② 딥드로잉에 영향을 주는 요소: 펀치와 판재의 직경, 지지홀더 지지력, 윤활제

스웨이징(Swaging)
반지름 방향으로 왕복운동하여 관의 직경을 줄이는 방법을 말합니다.

🗐 시험문제 미리보기!

다음 중 회전하는 롤러 사이에 재료를 통과시켜 두께를 줄이는 가공법은?

① 압연   ② 인발   ③ 압출   ④ 전조

정답 ①

해설 [오답노트]

② 인발: 길이가 긴 선재나 봉재를 인발 다이로 잡아당겨 뽑아내는 가공법

③ 압출: 금속을 뒤에서 힘으로 밀어 원하는 형상을 만드는 가공법

④ 전조: 소재와 공구를 함께 회전시키면서 소재에 공구의 형상을 강제로 새기는 가공법

1. 용접의 종류

(1) 가스용접(Gas welding)

① 정의

가스불꽃을 이용하여 용접하는 방법으로 산소아세틸렌 용접, 공기아세틸렌 용접이 있다.

② 특징

- 토치 크기, 화염 크기를 조절할 수 있다.
- 기화용제가 만든 가스상태의 보호막은 용접할 때 산화작용을 방지한다.
- 아크용접보다 용접속도가 느리다.
- 3[mm] 이하의 박판용접에 사용한다.
- 전기용접보다 용접 휨이 크다.

(2) 직류아크용접(DC arc welding)

정극성은 모재에는 +극, 전극봉에는 -극을 연결하며, 역극성은 그 반대로 연결한다. 직류아크용접은 아크가 안정되나 고장이 많고 가격이 비싸다.

(3) 서브머지드 아크용접(Submerged arc welding)

① 정의

분말용제 속에 용접심선을 공급하여 심선과 모재 사이에 아크를 발생시켜 용접하는 방법으로, 아크나 발생가스가 모두 용제 속에 잠겨 있어 잠호용접이라고도 한다.

② 특징

- 열에너지의 손실이 적고, 용접속도가 빠르다.
- 용접변형이 적고, 잔류응력이 작다.

(4) 불활성가스 아크용접(Inert gas shielded arc welding)

① 정의

용제 대신 아르곤, 헬륨, 네온가스를 사용하는 용접 방법을 말한다.

② 종류

- 불활성가스 금속아크용접(MIG): 소모식 금속용접봉을 사용하는 용접 방법
- 불활성가스 텅스텐아크용접(TIG): 비소모식 텅스텐전극봉을 사용하는 용접 방법

(5) 테르밋용접(Thermit welding)

① 정의

산화철과 알루미늄의 반응열을 이용하는 용접 방법을 말한다.

② 특징

- 용접시간이 짧고, 설비비가 저렴하다.
- 용접접합강도가 약하고, 용접변형이 적다.
- 보수용접에 이용한다.

기계직 전문가의 TIP

모재
용접 또는 가스 절단 소재가 되는 금속을 말합니다.

(6) 일렉트로슬래그용접(Electroslag welding)

① 정의

용융용접의 일종으로 와이어와 용융슬래그 사이 통전된 전류의 저항열을 이용하는 용접 방법을 말한다.

② 특징

전극와이어의 지름은 2.5~3.2[mm]이다.

(7) 전자빔용접(Electron beam welding)

① 정의

진공상태에서 용접하는 방법을 말한다.

② 특징

- 좁고 깊은 용입이 가능하다.
- 융점이 높은 금속용접에 사용된다.

(8) 레이저용접(LASER welding)

① 정의

고출력의 레이저빔으로 두 모재를 깊고 좁은 부위로 녹여 붙이는 용접 방법을 말한다.

② 특징

- 좁고 깊은 접합부 용접에 사용된다.
- 수축과 뒤틀림이 적고 용접부의 품질이 좋다.
- 반사도가 높은 재료는 용접효율이 감소한다.

(9) 플라즈마 아크용접(Plasma arc welding)

① 정의

전기 아크를 사용하여 가스를 과열시키고 아주 작은 영역 내에서 고온고압의 플라즈마를 생성하여 용접하는 방법을 말한다.

② 특징

- 발열량의 조절이 용이하여 매우 얇은 박판용접에 사용된다.
- 용접온도는 5000[℃] 이상이다.
- 아르곤, 헬륨, 수소가스를 사용한다.
- 플라즈마 아크용접의 극성은 양극성이다.

(10) 전기저항용접(Electric resistance welding)

① 정의

모재에 전류를 흐르게 하여 고온의 저항열로 모재를 녹인 다음 압력을 가하면서 붙이는 용접 방법을 말한다.

② 종류

- 겹치기 용접: 두 모재를 위아래로 서로 겹쳐 용접하는 방법으로, 점용접, 심용접, 프로젝션용접 등이 있다.
    - 점용접(Spot welding): 재료에 전기를 통하면서 국부적으로 압력을 가해 용접하는 방법
    - 프로젝션용접(Projection welding): 재료에 돌기를 만들어 전류를 집중시켜 용접하는 방법

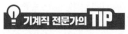

기계직 전문가의 TIP

퍼커션용접(Percussion welding)

용접할 면을 서로 맞대고 전기저항에 의해 용융될 때 순간적인 충격을 가해 압착하는 방법을 말합니다.

- 맞대기 용접: 두 모재를 서로 맞대어 용접하는 방법으로, 플래시용접, 업셋용접, 충격용접 등이 있다.
  - 플래시용접(Flash welding): 단면들 사이에 아크를 발생시켜 고온상태를 만들어 용접하는 방법

🗏 시험문제 미리보기!

다음 중 정극성 또는 역극성 연결로 용접하는 방법은?

① 가스용접   ② 스폿용접   ③ 직류아크용접   ④ 전자빔용접

정답 ③
해설 직류아크용접은 정극 또는 역극의 전기 연결이 필요하지만 가스용접, 스폿용접, 전자빔용접은 정극 또는 역극의 전기 연결이 필요하지 않다.

2. 용접결함

(1) 균열(Crack)

용접속도나 냉각속도가 과해 재료가 갈라지는 현상을 말한다.

(2) 기공(Blow hole)

공기 중 산소나 용접봉에 습기가 많을 때 가스로 인한 구멍이 발생하는 현상을 말한다.

(3) 오버랩(Overlap)

전류의 양이 적어 용접되지 않고 단순히 겹쳐지는 현상을 말한다.

(4) 언더컷(Under cut)

전류가 과다하거나 용접속도가 빠를 때 녹은 모재 부분이 완전히 채워지지 않아 홈이 생기는 현상을 말한다.

(5) 슬래그[3]혼입

슬래그가 완전히 제거되지 않아서 발생하는 현상으로, 용접부위가 취약해진다.

(6) 용입부족

홈각도의 과소, 용접속도의 과대 등으로 모재가 충분히 용융되지 않아서 간격이 생기는 현상을 말한다.

3) 슬래그
용접 시 용융된 금속 중에 불순물이 떠올라 생성된 금속산화물

다음 중 용입부족의 대책으로 옳지 않은 것은?

① 홈각도를 크게 한다.
② 용접전류를 크게 한다.
③ 용접속도를 빠르게 한다.
④ 용입이 깊은 용접봉을 사용한다.

정답 ③
해설 용입부족 시 용접속도를 느리게 해야 한다.

---

04 절삭가공   출제빈도 ★★★

1. 선반의 척

(1) 단동척(Independent chuck)

4개의 조(Jaw)가 각각 움직이며, 측정도구 또는 숙련이 필요하다.

(2) 연동척(Scroll chuck)

3개의 조(Jaw)가 동시에 움직인다.

(3) 마그네틱척(Magnetic chuck)

자석 척으로 자성체 공작물을 고정한다.

(4) 콜릿척(Collet chuck)

각 봉재나 지름이 작은 공작물을 갈라진 틈을 이용하여 고정하며, NC선반처럼 자동화된 대량생산에 적합하다.

기계직 전문가의 TIP

조(Jaw)
물건 등을 끼워서 집는 부분을 말합니다.

다음 중 터릿선반에서 대량생산을 하기 위해 사용하는 척은?

① 스크롤척   ② 단동척   ③ 연동척   ④ 콜릿척

정답 ④
해설 콜릿척은 작은 직경의 봉재를 고정하며 대량생산에 적합하다.

오답노트
① 스크롤척은 3개의 조가 연동하여 동시에 움직이므로 대량생산에 적합하지 않다.
② 단동척은 공작물 고정에 많은 시간이 소요된다.
③ 연동척은 불규칙한 단면 형상의 재료는 고정할 수 없다.

2. 선반센터

센터 끝의 각도는 60°이나 대형공작물에는 75°나 90°가 사용된다. 센터의 자루는 모스테이퍼[4]를 사용한다.

4) 모스테이퍼

드릴이나 선반의 심압대에 적용하는 테이퍼(기울기)로, 별도의 고정장치 없이 자연스럽게 고정되게 하기 위한 방식

(1) 회전센터

주축에 삽입되어 있으나 회전은 하지 않으므로 윤활유를 주입해야 한다.

(2) 정지센터

심압대에 삽입되어 회전하지 않으므로 윤활유 주입이 필요하고, 정밀작업에 사용된다.

(3) 하프센터

주축과 심압대 테이퍼 구멍 사이에 체결하여 사용하며, 피삭재와의 간섭이 생길 때 또는 끝면깎기에 사용된다.

3. 바이트(Bite)

(1) 경사각

윗면 경사각이 커지면 다듬면이 깨끗해지나 날 끝은 약해진다.

(2) 여유각

바이트의 앞면 및 측면과 공작물의 마찰을 방지하기 위해 만든 것으로 여유각이 클수록 날이 약해진다.

4. 선반의 계산

(1) 가공시간

$$T = \frac{l}{Nf}$$

(l: 공작물의 길이$[mm]$, N: 회전수$[rpm]$, f: 이송량$[mm/rev]$)

(2) 절삭속도

$$V = \frac{\pi d N}{1000}$$

(d: 공작물의 지름$[mm]$, N: 주축의 회전수$[rpm]$)

(3) 절삭동력

$$P = \frac{F[kg_f]V}{75 \times 60 \times \eta}[PS] = \frac{F[kg_f]V}{102 \times 60 \times \eta}[kW]$$

$$= \frac{F[N]V}{75 \times 9.81 \times 60 \times \eta}[PS] = \frac{F[N]V}{102 \times 9.81 \times 60 \times \eta}[kW]$$

(F: 주분력, η: 기계효율, V: 절삭속도)

시험문제 미리보기!

길이 $100[mm]$, 지름 $50[mm]$의 금속봉을 이송량 $0.5[mm/rev]$, $300[rpm]$으로 선삭가 공할 때의 1회 가공시간은?

① $30[s]$ ② $40[s]$ ③ $50[s]$ ④ $60[s]$

정답 ②

해설 $T = \dfrac{l}{Nf} = \dfrac{100}{300 \times 0.5} = 0.67[min] = 40[s]$

5. 구성인선

(1) 정의

절삭가공에서 고온고압으로 인해 공구 날 끝에 가공경화된 칩이 조금씩 쌓여 단단해진 것을 말한다.

(2) 특징

① 발생, 성장, 분열, 탈락의 과정을 거친다.
② 공구면을 덮어 보호한다.
③ 경도값이 매우 크다.
④ 공작물의 변형경화지수가 크면 구성인선의 발생률이 높아진다.
⑤ 구성인선의 끝단 반경은 공구의 끝단 반경보다 크다.

(3) 구성인선의 영향

① 공구의 진동을 유발한다.
② 공구 윗면의 마멸을 심화시킨다.
③ 가공면이 불량해진다.
④ 가공치수가 작아진다.
⑤ 치핑현상 때문에 공구수명이 감소한다.

(4) 방지책

① 절삭깊이를 얕게 한다.
② 공구의 윗면 경사각을 크게 한다.
③ 절삭속도를 빠르게 한다.
④ 칩과 공구 경사면의 마찰을 작게 한다.
⑤ 절삭유를 사용한다.
⑥ 가공물과 서로 친화력이 없는 절삭공구를 사용한다.

6. 절삭온도

절삭온도는 공작물의 강도가 크고, 열전도도가 작을수록 높아진다. 절삭속도가 증가할수록 공구나 공작물에 전달되는 열에 비해 칩으로 방출되는 열의 비율이 커지며, 공구의 최고 온도점은 날 끝 부분에서 약간 떨어진 지점에서 발생한다.

7. 공구수명

테일러의 공구수명식은 아래와 같다. 공구수명에 영향을 주는 요인은 영향이 큰 순서대로 절삭속도, 절삭깊이, 이송속도 순이고, n의 크기는 큰 순서대로 세라믹공구, 초경합금공구, 고속도강 순이다.

$$VT^n = C$$
(V: 절삭속도[m/min], T: 공구수명[min], C: 상수)

▤ 시험문제 미리보기!

다음 중 공구수명식에 대한 설명으로 옳은 것은?

① $V^n = \dfrac{T}{C}$이다.

② n의 값은 초경합금이 세라믹보다 크다.

③ 절삭속도의 영향이 가장 크다.

④ 오일러의 식이다.

정답 ③

해설 절삭속도가 공구수명에 가장 큰 영향을 미친다.

> **오답노트**
> ① 테일러의 공구수명식은 $VT^n = C$(V: 절삭속도[m/min], T: 공구수명[min], C: 상수)이다.
> ② n의 값은 세라믹이 초경합금보다 크다.
> ④ 테일러의 식이다.

8. 절삭유

절삭공구와 재료 사이의 윤활작용, 냉각작용, 세척작용, 방청작용[5]을 위해 사용한다. 절삭유는 표면장력이 작고 윤활성, 냉각성, 유동성이 좋아야 하며, 칩분리가 쉽고 화학적으로 안정해야 한다. 또한, 가격이 저렴하고 회수성이 좋아야 한다.

---

5) 방청작용
녹의 생성을 방지하는 작용으로, 수분이나 산화성가스와의 접촉을 차단함

기계직 전문가의 TIP

절삭유와 윤활유의 차이
절삭유는 고온에서 사용하고, 세척능력이 있으며 유동성이 좋습니다. 반면에 윤활유는 저온에서 사용하고, 세척능력이 없으며 점도가 큽니다.

9. 공구마모

(1) 크레이터 마모(Crater wear)

칩이 공구의 경사면 위를 미끄러질 때 마찰력에 의해 공구상면이 오목하게 파이는 현상을 말한다.

(2) 플랭크 마모(Flank wear)

공구의 여유면과 절삭면과의 마찰에 의해 마모되는 현상을 말한다.

(3) 치핑(Chipping)

절삭저항을 극복하지 못하고 날 끝이 탈락하는 현상을 말한다.

10. 절삭공구 재료

절삭공구 재료에는 탄소공구강, 합금공구강, 고속도강, 소결초경합금(W, Ti, Ta, Mo, Zr 성분), CBN, 세라믹(고온경도 대, 취성 대, 인성 소), 피복초경합금[6], 서멧, 다이아몬드 등이 있다.

6) 피복초경합금
티타늄탄화물, 티타늄질화물, 알루미늄산화물을 피복한 것

11. 칩브레이커(Chip breaker)

공구 윗면에 홈을 만들어 연속칩을 절단하기 위해 설치하는 것을 말한다.

12. 밀링가공

(1) 정의

원통면에 있는 다인공구를 회전시키고, 동시에 공작물을 테이블에 고정하여 절삭깊이와 이송을 주어 절삭가공하는 것을 말한다. 공구는 회전운동을 하며 공작물은 전후좌우 직선운동을 한다.

(2) 밀링커터의 종류

밀링커터의 종류로는 플레인커터(평면절삭), 총형커터(기어 또는 리머 가공), 정면커터(넓은 평면 가공), 메탈소(절단가공 또는 깊은 홈 가공), 엔드밀(키 홈 가공)이 있다.

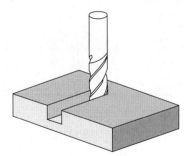

13. 드릴링가공

(1) 보링(Boring)

이미 뚫린 구멍을 확대하는 작업을 말한다.

(2) 리밍(Reaming)

이미 뚫린 구멍을 정확한 사이즈로 다듬는 작업을 말한다.

(3) 태핑(Tapping)

뚫린 구멍에 암나사를 만드는 작업을 말한다.

(4) 카운터보링(Counter boring)

나사나 볼트의 머리 부분이 공작물에 묻히도록 단이 있는 구멍을 만드는 작업을 말한다.

(5) 카운터싱킹(Counter sinking)

접시머리나사의 머리 부분이 공작물에 잠기도록 원뿔 모양으로 만드는 작업을 말한다.

(6) 센터드릴링(Center drilling)

정밀한 구멍가공을 위해 센터드릴로 미리 구멍의 정확한 위치를 표시하는 작업을 말한다.

(7) 스폿페이싱(Spot facing)

볼트머리와 너트의 닿는 부분을 위해 자리를 만드는 작업을 말한다.

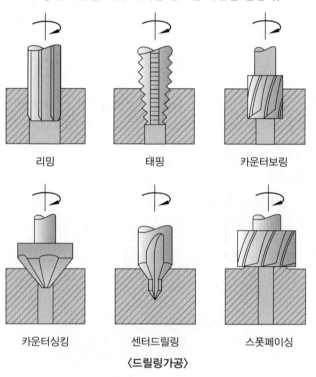

리밍	태핑	카운터보링
카운터싱킹	센터드릴링	스폿페이싱

〈드릴링가공〉

다음 중 접시머리나사의 머리 부분을 공작물에 잠기게 하는 작업은?

① 보링　　　　　② 스폿페이싱　　　③ 카운터싱킹　　　④ 카운터보링

정답 ③

해설 오답노트

① 보링: 이미 뚫린 구멍을 확대하는 작업

② 스폿페이싱: 볼트머리와 너트의 닿는 부분을 위해 자리를 만드는 작업

④ 카운터보링: 나사나 볼트의 머리 부분이 공작물에 묻히도록 단이 있는 구멍을 만드는 작업

14. 센터리스 연삭기

(1) 특징

① 연삭속도가 매우 빠르고 자동 조절되어 작업자의 기술이 필요하지 않다.

② 센터가 필요하지 않아 중공 원통을 연삭할 수 있다.

③ 대형 연삭숫돌을 사용하여 숫돌의 마멸이 최소화된다.

④ 공작물의 회전방향은 연삭숫돌과 조정숫돌의 회전방향과 반대이다.

15. 연삭숫돌

(1) 입도

입자의 크기를 말하며, 숫자는 메시(Mesh)를 뜻한다.

① 거친 것: 10, 12

② 고운 것: 70, 80

(2) 결합도

숫돌입자의 결합제의 세기를 말한다.

① 연한 것: H, I, J

② 단단한 것: P, Q, R, S

(3) 조직

숫돌의 단위부피당 입자의 양을 말한다.

① 치밀한 것: 0, 1, 2, 3(기호: c)

② 거친 것: 7, 8(기호: w)

(4) 결합제

숫돌입자 고정접착제로는 셀락(E), 실리케이트(S), 비트리파이드(V), 레지노이드(B) 등이 있다.

기계직 전문가의 TIP

메시(Mesh)

입자의 크기를 나타내며 한 변이 1인치인 정사각형 안에 들어 있는 눈금의 수로 표시합니다.

(5) 드레싱(Dressing)

연삭숫돌의 면에 새로운 날 끝이 나타나게 하는 작업을 말한다.

(6) 트루잉(Truing)

숫돌의 형상을 원래의 형상으로 복원하는 작업을 말한다.

(7) 로딩(Loading, 눈메움)

숫돌입자의 표면이나 기공에 칩이 채워진 상태를 말한다.

(8) 글레이징(Glazing, 눈무딤)

숫돌입자가 탈락하지 않고 마모에 의해 납작해진 상태를 말한다.

(9) 연삭비

$$G = \frac{\text{재료의 연삭된 부피}}{\text{숫돌의 소모된 부피}}$$

▤ 시험문제 미리보기!

재료의 제거된 부피는 $5[cm^3]$, 숫돌의 마모된 부피는 $10[cm^3]$일 때, 연삭비는?

① 0.2   ② 0.3   ③ 0.4   ④ 0.5

정답 ④

해설 $\frac{5[cm^3]}{10[cm^3]} = 0.5$

(10) 연삭숫돌의 표기법

WA	150	M	W	V	1호	$200 \times 10 \times 15$
(숫돌입자)	(입도)	(결합도)	(조직)	(결합체)	(형상)	(치수)

16. 정밀입자가공

(1) 호닝(Honing)

막대 모양의 숫돌을 끼운 공구에 회전과 왕복운동을 주어 구멍 내면을 연삭하는 가공법을 말한다.

(2) 래핑(Lapping)

가공물 표면과 랩공구 사이에 분말상태의 랩제와 윤활유를 넣고 상대 회전운동을 시키며 정밀가공면을 얻는 가공법을 말한다.

(3) 슈퍼피니싱(Superfinishing)

연한 숫돌을 가공면에 낮은 압력을 주면서 공작물의 축방향으로 진동을 주어 고정밀도의 표면을 얻는 가공법을 말한다.

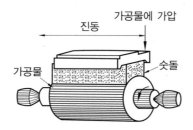

(4) 숏피닝(Shot peening)

샌드 블라스팅[7]의 모래 또는 그릿 블라스팅[8]의 그릿 대신에 경화된 작은 강구를 가공물의 표면에 충돌시켜 피로강도 및 기계적 성질을 향상시키는 가공법을 말한다.

(5) 폴리싱(Polishing)

목재, 피혁, 직물을 원판의 둘레에 붙인 후 미세한 연삭가공을 행하는 가공법을 말한다.

(6) 버핑(Buffing)

모, 직물 등으로 원판을 만들어 회전시키며 미세한 연삭입자를 사용하여 매끈한 공작물 표면을 만드는 가공법을 말한다.

17. 방전가공(EDM)

(1) 정의

양극과 음극 사이의 스파크 발생을 이용한 가공법으로, 전극의 형상을 금형에 그대로 복사하여 원하는 치수를 만들 수 있다.

(2) 전극재료의 조건

① 융점을 높게 한다.
② 경도를 공작물보다 낮게 한다.
③ 가공속도를 빠르게 한다.
④ 전극의 소모를 적게 한다.
⑤ 전기전도도를 높게 한다.

7) 샌드 블라스팅
연마재를 재료에 강하게 분사하여 표면의 이물질을 제거하고 표면을 깨끗하게 만드는 작업

8) 그릿 블라스팅
그릿이라고 하는 미세한 입자를 $2000[rpm]$의 고속으로 회전하여 재료에 투사해 이물질을 제거하는 작업

18. 초음파가공

물이나 경유에 연삭입자를 혼합한 가공액을 공구와 일감 사이에 주입하면서 초음파에 의한 상하진동으로 표면을 다듬질하는 가공법으로, 단단한 재료의 가공에 적합하다.

19. 플라즈마가공

(1) 정의

원자핵을 전자와 이온의 형태로 만들어 이때 발생하는 고온의 에너지를 이용하여 재료를 가공하는 가공법을 말한다.

(2) 특징

① 모든 금속에 적용할 수 있다.
② 가스절단보다 절단 폭이 넓다.
③ 절단할 수 있는 두께가 매우 얇고, 절단면이 수직이 아니다.
④ 가스절단으로 절단하기 어려운 알루미늄이나 스테인리스강도 절단할 수 있다.
⑤ 절단속도가 빠르다.
⑥ 초기 시설비가 많이 든다.

20. 전해가공(ECM)

공작물을 양극, 가공형상의 전극을 음극으로 하여 그 사이에 전해액을 넣고 전기를 통하였을 때 양극 공작물에서 일어나는 용해를 이용한 가공법으로, 공구의 소모가 없고 가공속도가 빠르다.

▤ 시험문제 미리보기!

다음 중 불꽃방전에 의해 재료를 조금씩 용해하여 원하는 형상을 얻는 특수가공법은?

① 전해가공   ② 방전가공   ③ 초음파가공   ④ 플라즈마가공

정답 ②
해설 방전가공은 방전현상을 이용하여 재료를 녹여서 가공하는 가공법이다.

오답노트
① 전해가공: 전기를 통하여 전해액에 의해 양극의 모재가 녹는 현상을 이용하는 가공법
③ 초음파가공: 초음파로 공구를 진동시켜 가공하는 가공법
④ 플라즈마가공: 원자핵을 전자와 이온의 형태로 만들어 이때 발생하는 고온의 에너지를 이용하여 재료를 가공하는 가공법

21. CNC가공

기능	코드	의미
프로그램 번호	O	프로그램의 번호
블록 전개번호	N	블록의 전개번호
준비기능	G	이동 형태(위치 결정, 직선, 원호)
좌표어	X, Y, Z	각 축의 이동 위치(절대 방식)
	U, V, W	각 축의 이동 거리와 방향(증분 방식)
	A, B, C	부가축의 이동 명령
	I, J, K	원호 중심의 좌표값, 모따기량
	R	원호 반지름, 모서리 반지름
이송기능	F, X	이송 속도, 나사의 리드
보조기능	M	기계 작동 부위의 ON/OFF 제어
주축기능	S	주축의 회전수, 회전속도
공구기능	T	공구번호와 공구보정번호
일시 정지	X, P, U	일시 정지 시간
프로그램 번호 지정	P	보조 프로그램 호출
전개번호 지정	P, Q	복합 반복 프로그램에서의 호출, 종료번호
반복 횟수	L	보조 프로그램의 반복 횟수
매개 변수	D, I, K	주기에서의 파라미터(절입량, 횟수 등)

📋 시험문제 미리보기!

다음 중 공구기능에 해당하는 CNC코드는?

① F   ② T   ③ G   ④ S

정답 ②

해설 오답노트
    ① F는 이송기능에 해당한다.
    ③ G는 준비기능에 해당한다.
    ④ S는 주축기능에 해당한다.

1. 측정과 제도

(1) 틈새

구멍의 치수가 축의 치수보다 클 때, 구멍의 치수와 축의 치수의 차이를 말한다.

(2) 죔새

축의 치수가 구멍의 치수보다 클 때, 축의 치수와 구멍의 치수의 차이를 말한다.

(3) 헐거운 끼워맞춤

구멍이 축보다 큰 경우이다.

> • 최소틈새 = 구멍의 최소허용치수 – 축의 최대허용치수
> • 최대틈새 = 구멍의 최대허용치수 – 축의 최소허용치수

(4) 중간 끼워맞춤

구멍과 축이 같은 경우이다.

(5) 억지 끼워맞춤

축이 구멍보다 큰 경우이다.

> • 최소죔새 = 축의 최소허용치수 – 구멍의 최대허용치수
> • 최대죔새 = 축의 최대허용치수 – 구멍의 최소허용치수

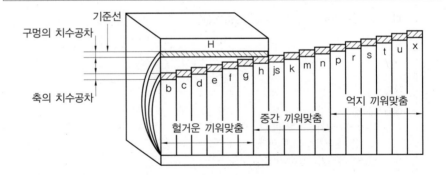

▤▌ 시험문제 미리보기!

구멍의 공차가 $\varnothing 200^{+0.2}_{-0.2}[mm]$, 축의 공차가 $\varnothing 200^{+0.1}_{0}[mm]$일 때, 최대틈새와 최대죔새를 순서대로 바르게 나열한 것은?

① 0.2, 0.3   ② 0.3, 0.1   ③ 0.3, 0.2   ④ 0.1, 0.3

정답 ①
해설 • 최대틈새 = 구멍의 최대허용치수 − 축의 최소허용치수 = +0.2 − 0 = 0.2
      • 최대죔새 = 축의 최대허용치수 − 구멍의 최소허용치수 = +0.1 − (−0.2) = 0.3

출제빈도: ★☆☆ 대표출제기업: 대구도시철도공사

01 주물의 질량이 A, 목형의 질량이 B, 주물의 비중이 a, 목형의 비중이 b라고 할 때, 관계식으로 옳은 것은?

① $\dfrac{A}{B} = \dfrac{b}{a}$ 　　　② $\dfrac{A}{B} = \dfrac{a}{b}$ 　　　③ $A = \dfrac{a}{Bb}$ 　　　④ $\dfrac{A}{b} = \dfrac{B}{a}$

출제빈도: ★★★ 대표출제기업: 인천교통공사, 대전교통공사

02 다음 중 인베스트먼트 주조법에 대한 설명으로 옳은 것은?

① 주형을 여러 번 계속해서 사용할 수 있다.
② 저용융점을 갖는 합금의 주조에 적합하다.
③ 주물의 표면이 깨끗하고 치수정밀도가 높다.
④ 경제적인 주형법이다.

출제빈도: ★★★ 대표출제기업: 부산교통공사, 한국지역난방공사, 인천국제공항공사

03 다음 중 구성인선을 방지하는 방법으로 옳은 것은?

① 절삭깊이를 깊게 한다.
② 공구의 윗면 경사각을 작게 한다.
③ 저속으로 절삭한다.
④ 절삭유를 사용한다.

출제빈도: ★☆☆ 대표출제기업: 한국가스안전공사, 서울주택도시공사

04 다음 중 테일러의 공구수명식은?

① $V^n T = C$ ② $V^n = \dfrac{T}{C}$ ③ $VT^n = C$ ④ $T^n = VC$

정답 및 해설

01 ②

$\dfrac{\text{주물의 질량}}{\text{목형의 질량}} = \dfrac{\text{주물의 비중}}{\text{목형의 비중}}$

02 ③

오답노트
① 소모성 주형이므로 일회성이다.
② 고용융점을 갖는 합금의 주조에 적합하다.
④ 제조비가 저렴하지 않다.

더 알아보기
인베스트먼트 주조법은 왁스 등의 일회용 모형을 주물사 안에 넣고 쇳물을 부어서 원하는 형상의 주물을 만드는 작업으로, 구조가 복잡하고 가공단계가 많은 제품을 만드는 데 적합하며 프로펠러, 터빈 등에 사용된다.

03 ④

오답노트
① 절삭깊이를 얕게 해야 한다.
② 공구의 윗면 경사각을 크게 해야 한다.
③ 고속으로 절삭해야 한다.

더 알아보기
구성인선은 연강이나 알루미늄 등을 절삭할 때 칩의 일부가 공구 끝에 달라붙어 공구의 일부가 되는 현상으로, 공작물의 표면거칠기를 저하시킬 수도 있지만 안정적인 구성인선은 표면거칠기를 향상시킨다.

04 ③

테일러의 공구수명식은 $VT^n = C(V$: 절삭속도$[m/min]$, T: 공구수명$[min]$, C: 상수$)$이다.

출제빈도: ★☆☆ 대표출제기업: 부산교통공사, 광주광역시도시철도공사

05 다음 중 연동척으로 고정하기 어려운 재료의 단면형상은?

① 원형   ② 정삼각형   ③ 정육각형   ④ 직사각형

출제빈도: ★★★ 대표출제기업: 부산교통공사, 한국가스안전공사

06 공작물의 지름이 200[mm], 주축의 회전수가 500[rpm]일 때, 절삭속도는 몇 [m/min]인가? (단, $\pi = 3$으로 가정한다.)

① 100   ② 200   ③ 300   ④ 400

출제빈도: ★★☆ 대표출제기업: 서울교통공사, 한국가스공사

07 다음 중 작은 나사와 둥근머리볼트의 머리를 공작물에 잠기게 하는 가공법은?

① 카운터보링   ② 카운터싱킹   ③ 리밍   ④ 태핑

출제빈도: ★★☆ 대표출제기업: 한국남동발전, 한국가스공사, 서울시설공단

08 다음 중 숫돌 입자의 표면이나 기공에 칩이 채워진 상태를 이르는 용어는?

① 트루잉   ② 로딩   ③ 글레이징   ④ 드레싱

정답 및 해설

05 ④
연동척은 3개의 조(Jaw)가 동시에 같은 거리를 움직이므로 대칭형 단면재료만 가능하다. 따라서 직사각형 단면은 연동척으로 고정할 수 없다.

06 ③
$$V = \frac{\pi d N}{1000} = \frac{\pi \times 200 \times 500}{1000} = 100\pi = 300[m/min]$$

07 ①

오답노트
② 카운터싱킹: 접시머리나사의 머리 부분이 공작물에 잠기도록 원뿔 모양으로 만드는 작업
③ 리밍: 이미 뚫린 구멍을 정확한 사이즈로 다듬는 작업
④ 태핑: 뚫린 구멍에 암나사를 만드는 작업

08 ②

오답노트
① 트루잉: 숫돌의 형상을 원래의 형상으로 복원하는 작업
③ 글레이징: 숫돌입자가 탈락하지 않고 마모에 의해 납작해진 상태
④ 드레싱: 연삭숫돌의 면에 새로운 날 끝이 나타나게 하는 작업

출제빈도: ★★☆ 대표출제기업: 부산교통공사, 서울주택도시공사

09 다음 중 방전가공의 전극재료의 구비조건으로 옳은 것은?

① 낮은 열전도도   ② 낮은 융점   ③ 느린 가공속도   ④ 공작물보다 낮은 경도

출제빈도: ★☆☆ 대표출제기업: 서울교통공사, 한국가스공사

10 다음 중 취성이 큰 재료를 가공하는 방법은?

① 방전가공(EDM)   ② 플라즈마가공   ③ 전해가공(ECM)   ④ 초음파가공

출제빈도: ★★☆ 대표출제기업: 서울교통공사, 부산교통공사, 한국지역난방공사

11 다음 중 주축기능에 해당하는 CNC코드는?

① G   ② T   ③ N   ④ S

출제빈도: ★★☆ 대표출제기업: 한국동서발전, 한국지역난방공사, 한전KPS, 한국가스공사

12 다음 중 '축의 최소허용치수 − 구멍의 최대허용치수'에 해당하는 것은?

① 최소틈새   ② 최대틈새   ③ 최소죔새   ④ 최대죔새

출제빈도: ★★☆ 대표출제기업: 서울교통공사, 서울주택도시공사

13 판재를 압연가공하여 9[*mm*]의 판이 5[*mm*]로 가공되었다. 진입속도가 8[*mm/s*]일 때, 출구속도와 압하율을 순서대로 바르게 나열한 것은?

① 11.3[*mm/s*], 30[%]

② 12.8[*mm/s*], 34[%]

③ 13.2[*mm/s*], 40[%]

④ 14.4[*mm/s*], 44[%]

정답 및 해설

09 ④

오답노트

①, ②, ③ 전극재료는 높은 열전도도, 높은 융점, 빠른 가공속도를 가져야 한다.

10 ④

오답노트

① 방전가공(EDM): 방전현상을 이용하여 재료를 녹여서 가공하는 방법

② 플라즈마가공: 원자핵을 전자와 이온의 형태로 만들어 이때 발생하는 고온의 에너지를 이용하여 재료를 가공하는 방법

③ 전해가공(ECM): 전기를 통하여 전해액에 의해 양극의 모재가 녹는 현상을 이용하는 특수가공법

11 ④

오답노트

① G는 준비기능에 해당한다.

② T는 공구기능에 해당한다.

③ N은 블록 전개번호에 해당한다.

12 ③

오답노트

① 최소틈새 = 구멍의 최소허용치수 - 축의 최대허용치수

② 최대틈새 = 구멍의 최대허용치수 - 축의 최소허용치수

④ 최대죔새 = 축의 최대허용치수 - 구멍의 최소허용치수

13 ④

- 출구속도: $v_0 \times \dfrac{t_0}{t_1} = 8 \times \dfrac{9}{5} = 14.4[mm/s]$

- 압하율: $\dfrac{t_0 - t_1}{t_0} \times 100 = \dfrac{9-5}{9} \times 100 = 44[\%]$

제**2**장 기계재료

🔲 학습목표

1. 기계재료 중 금속재료와 비금속재료에 대해 이해한다.
2. 철강재료와 비철금속재료의 특성을 암기한다.
3. 신소재와 특수재료에 대해 이해한다.

🔲 대표출제기업

2021년~2022년 상반기 필기시험 기준으로 한국철도공사, 한국남동발전, 서울교통공사, 한국서부발전, 한국동서발전, 한국수력원자력, 부산교통공사, 한국지역난방공사, 한전KPS, 한국가스안전공사, 대구도시철도공사, 서울주택도시공사, 인천도시공사 등의 기업에서 출제하고 있다.

■ 출제비중

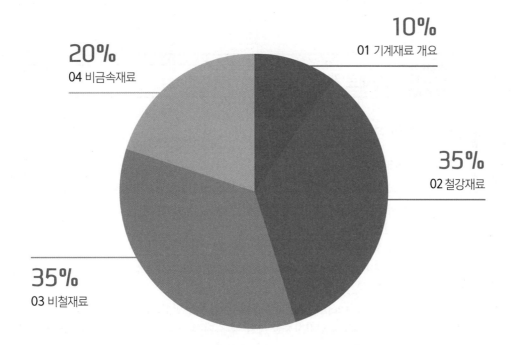

10%
01 기계재료 개요

35%
02 철강재료

35%
03 비철재료

20%
04 비금속재료

- 경화
- 강괴
- 탄소강
- 평형상태도
- 열처리
- 표면경화법
- 불변강
- 주철의 종류
- 경도계
- 신소재
- 열경화성 수지
- 열가소성 수지

01 기계재료 개요 출제빈도 ★

🔧 기계직 전문가의 TIP

경금속으로는 Al, Mg 등이 있고, 중금속으로는 Cu, Ni, Fe, Cr, W 등이 있습니다.

1. 금속의 성질

(1) 기계적 성질

① 강도: 외력을 가했을 때 변형이나 파괴에 저항할 수 있는 최대 저항력
② 경도: 표면의 변형에 대한 저항의 정도
③ 인성: 끈질기고 질긴 성질
④ 취성: 잘 부서지거나 깨지는 성질
⑤ 피로파괴: 한 번에 파괴되지는 않지만 오랜 시간에 걸쳐 반복하중을 가하면 재료가 파괴되는 현상
⑥ 크리프(Creep): 시간의 흐름에 따라 점차 변형이 늘어나는 현상
⑦ 연성: 재료에 인장하중을 가할 때 길이 방향으로만 재료가 늘어나는 현상
⑧ 전성(가단성): 재료에 외력을 가하면 여러 방향으로 얇게 퍼지는 현상
⑨ 연신율: 재료가 파괴되는 시점에서의 원래 길이에 대한 늘어난 길이의 비율
⑩ 항복점: 하중이 늘어나지 않아도 계속해서 변형이 늘어나는 점

(2) 물리적 성질

① 비중: 4[℃] 물의 무게와 어떤 물체와의 무게의 비
② 용융점: 금속이 녹는 점으로, 텅스텐이 3400[℃]로 가장 높고, 수은이 −38.8[℃]로 가장 낮다.

2. 소성변형

(1) 슬립(Slip)

금속의 결정이 특정한 방향으로 미끄러지면서 층상이동을 하는 현상을 말한다. 소성변형이 진행되면 슬립에 대한 저항이 점차 증가하여 재료의 강도와 경도가 증가하는데, 이를 가공경화라고 한다.

(2) 쌍정

변형 전과 변형 후의 격자 배열이 대칭되는 현상을 말한다.

(3) 전위

규칙적으로 배열되어 있는 금속 격자에 외력이 작용했을 때 불완전하거나 결함이 있는 곳에서부터 이동이 생기는 현상을 말한다.

(4) 시효경화

가공경화 직후부터 기계적 성질이 변화하다가 나중으로 갈수록 일정한 값을 가지는 현상을 말한다.

(5) 고용경화

금속에 용질 원자를 추가하여 고용체로 만들면 경화되는 현상을 말한다.

3. 금속재료시험

(1) 인장시험

재료에 인장력을 가해 기계적 성질을 조사하는 시험으로, 탄성한도, 항복점, 파괴강도, 연신율, 단면수축률, 인성을 측정할 수 있다.

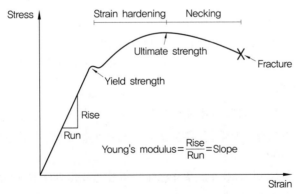

(2) 경도시험

① 브리넬 경도계: 강구에 하중을 가하여 압입한 후 압입자국의 표면적과 하중의 비로 표현한다.

$$H_B = \frac{P}{\pi Dh}$$

(P: 하중, D: 강구의 직경, h: 강구의 압입깊이)

기계직 전문가의 TIP

금속조직검사

금속조직검사로는 매크로검사, 현미경 조직시험(SEM, TEM) 등이 있습니다.

② 비커스 경도계: 136° 다이아몬드 피라미드를 압입자로 사용하여 오목부의 대각선을 측정한다.

$$H_V = \frac{1.8544P}{d^2}[kg_f/mm^2]$$

(P: 하중, d: 대각선의 길이)

③ 로크웰 경도계: 지름 $1.588[mm]$의 강구를 압입하는 B스케일과 꼭지각이 120°인 다이아몬드 원뿔을 압입하는 C스케일이 있다.

- B스케일: $H_{RB} = 130 - 500h$
- C스케일: $H_{RC} = 100 - 500h$

(h: 압입깊이)

④ 쇼어 경도계: 다이아몬드 해머를 일정 높이에서 떨어뜨려 튀어 오른 높이를 표현한다.

$$H_S = \frac{10000}{65} \times \frac{h}{h_0}$$

(h_o: 강구의 떨어뜨린 높이, h: 강구의 튀어 오른 높이)

📑 시험문제 미리보기!

압입자로 눌렀을 때 대각선 자국의 길이는 $5[mm]$, 가한 하중은 $200[kg_f]$이다. 비커스 경도값은 얼마인가?

① $14.8[kg_f/mm^2]$

② $20.2[kg_f/mm^2]$

③ $31.9[kg_f/mm^2]$

④ $43.8[kg_f/mm^2]$

정답 ①

해설 $H_V = \frac{1.8544P}{d^2} = \frac{1.8544 \times 200}{5^2} = 14.8[kg_f/mm^2]$

(3) 비파괴시험

재료를 파괴하지 않고 결함 유무 등을 조사하는 시험을 말한다.

① 방사선탐상법: 방사선을 투사했을 때 입력과 출력 방사선량을 비교하여 재료의 결함을 알아내는 방법

② 초음파탐상법: 초음파를 투사할 때 균열이 있으면 반사하는 성질을 이용하여 내부 결함을 알아내는 방법

③ 자분탐상법: 재료에 결함이 있으면 금속의 자성이 흐트러지는 성질을 이용하여 내부 결함을 알아내는 방법

④ 침투탐상법: 용액을 침투시켜 결함을 알아내는 방법

⑤ 와류탐상시험: 와전류를 통과시켰을 때 도체 내에 결함이 있으면 크기와 분포가 변하는 성질을 이용하여 내부 결함을 알아내는 방법

1. 강괴(잉곳)

(1) 킬드강(Killed steel)

Fe-Si 또는 Al과 같은 강탈산제로 탈산시킨 강괴를 말한다.

(2) 림드강(Rimmed steel)

평로나 전기로 등에서 정련된 용강을 Fe-Mn으로 가볍게 탈산시킨 강괴를 말한다.

(3) 세미킬드강(Semikilled steel)

킬드강과 림드강의 중간 정도로 탈산시킨 강괴를 말한다.

(4) 캡드강(Capped steel)

Fe-Mn, Fe-Si로 가볍게 탈산시킨 강괴를 말하며, 테두리 림을 얇게 한 림드강의 변형 강이다.

2. Fe-C 평형상태도

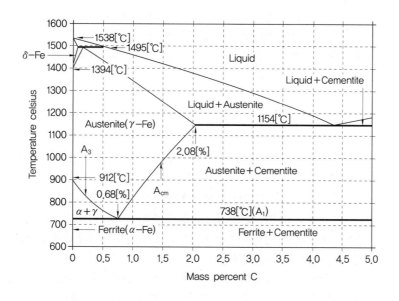

기계직 전문가의 TIP

• 공정반응: 액체 ⇔ γ철 + 탄화철 (Fe_3C)

• 공석반응: γ철 ⇔ α철 + 탄화철 (Fe_3C)

• 포정반응: δ철 + 액체 ⇔ γ철

(1) 탄소함유량에 따른 분류

탄소함유량이 증가할수록 항복점, 인장강도, 경도는 증가하고 연성, 용융점, 충격값은 감소한다.

① 순철: 0.02[%C] 이하

② 강: 0.02~2.11[%C]
- 아공석강: 0.02~0.77[%C], 페라이트 + 펄라이트
- 공석강: 0.77[%C], 펄라이트
- 과공석강: 0.77~2.11[%C], 펄라이트 + 시멘타이트

③ 주철: 2.11~6.68[%C]
- 아공정주철: 2.11~4.3[%C]
- 공정주철: 4.3[%C]
- 과공정주철: 4.3~6.68[%C]

(2) 순철

α고용체 또는 페라이트 조직으로, 0.02[%C] 이하이며 유동점, 항복점, 인장강도가 낮고 단면수축률과 충격값이 크다.

(3) 주철

① 특징
- 융점이 낮고 유동성, 마찰저항, 주조성, 절삭성이 우수하다.
- 인장강도, 휨강도, 연신율이 작고 가공이 어렵다.
- 주철 내의 흑연이 윤활제 역할을 하고, 기름도 흡수하기 때문에 내마멸성이 크다.

② 종류
- 보통주철: 회주철로, 기계가공성이 좋고 저렴하다.
- 고급주철: 흑연이 미세화되어 있고, 펄라이트 조직으로 되어 있다.
  - 미하나이트주철: 접종제를 첨가해 회주철의 흑연을 미세화시키고 균일하게 하여 강도를 높인 펄라이트 바탕의 조직을 가졌다. 인성, 연성, 내마멸성이 좋아 실린더, 피스톤, 크랭크, 기어 등에 사용한다.
- 구상흑연주철: 용융상태의 주철에 Mg(마그네슘), Ca(칼슘), Ce(세륨)을 첨가해 흑연을 구상화한 것으로, 인장강도가 커 캠축, 크랭크축에 사용한다.
- 칠드주철: 표면은 급랭하여 백주철로 만들고, 내부는 서냉하여 연한 회주철로 만든 것으로, 롤러 등에 사용한다.
- 가단주철: 백주철의 탄화조직을 장시간 풀림 열처리하여 탄소를 제거하고 흑연화 해서 연성을 증가시킨 것으로, 주조성, 절삭성, 내식성이 좋다.

(4) 변태점

구분	내용	온도
A_0변태점	강자성체에서 상자성체로 바뀌는 자기변태점	210[℃]
A_1변태점	결정구조변경점으로, 강과 주철에만 존재하는 변태점	723[℃]
A_2변태점	강자성체에서 상자성체로 바뀌는 자기변태점	770[℃]
A_3변태점	α-Fe(체심입방)에서 γ-Fe(면심입방)로 바뀌는 변태점	910[℃]
A_4변태점	γ-Fe(면심입방)에서 α-Fe(체심입방)로 바뀌는 변태점	1487[℃]

(5) 탄소강의 조직

① 서냉조직
- 페라이트(Ferrite): 체심입방구조이고, 조직이 매우 연하며, α고용체라고도 한다.
- 펄라이트(Pearlite): 탄소함유량이 0.77[%C]인 강을 오스테나이트 구간으로 가열한 후 공석변태 이하 온도로 냉각시키면 페라이트와 시멘타이트가 층상으로 나타난다.
- 시멘타이트(Cementite): 탄소 6.68[%C]와 철의 화합물로, 단단하고 취성이 크다.

② 급랭조직
- 오스테나이트(Austenite): 면심입방구조이고, A_1변태점(723[℃]) 이상으로 가열했을 때 얻어진다. 비자성체로 탄소가 최대 2.11[%C]까지 고용되며, γ고용체라고도 한다.
- 레데뷰라이트(Ledeburite): 탄소 2.11[%C]의 γ고용체와 탄소 6.68[%C]의 시멘타이트의 공석조직으로, 탄소 4.30[%C]인 주철에서 나타난다.

3. 탄소강의 온도에 따른 성질

(1) 청열취성
200~300[℃]에서 강도는 크지만 연신율은 매우 작아져 취성이 나타나는 성질을 말한다.

(2) 적열취성
황을 함유한 강이 950[℃] 이상에서 인성이 저하되는 성질을 말한다.

(3) 상온취성
인이 원인이 되는 취성으로 연성과 인성이 저하되는 성질을 말한다.

(4) 고온취성
고온에서 연성이 저하되어 균열이 생기는 성질을 말한다.

(5) 저온취성
상온보다 낮아지면 강도와 경도는 증가하나 취성이 생기는 성질을 말한다.

기계직 전문가의 TIP

오스테나이트를 수냉하면 마텐자이트, 노냉하면 펄라이트, 공랭하면 소르바이트, 유냉하면 마텐자이트 또는 트루스타이트가 되며 펄라이트를 가열변태시키면 오스테나이트가 됩니다.

4. 탄소강에 함유된 원소의 영향

구분	영향
규소(Si)	• 흑연화 촉진 • 강도, 경도 증가 • 인성 감소
망간(Mn)	• 황으로 인해 생기는 적열취성 방지 • 강도, 고온가공성, 주조성, 담금질효과 향상
인(P)	• 쇳물의 유동, 강도, 경도, 취성 증가 • 절삭성 저하
황(S)	• 고온취성, 적열취성의 원인 • 슬러지로 제거 • 압연, 단조 불량 • 절삭성 향상
구리(Cu)	• Cu의 함유량이 많으면 융점 하강, 경도 증가 • 압연가공 시 균열의 원인
산소(O)	• 적열취성의 원인
수소(H)	• 백점, 크랙의 원인 • 산, 알칼리에 취약

5. 강의 표면경화

(1) 고주파 경화법

고주파 전류를 표면에 흐르게 하여 표면만을 가열한 후 급랭하여 경화시키는 방법이다.

(2) 침탄 경화법

저탄소강의 표면에 탄소를 침투시켜 가열한 후 담금질하여 경화시키는 방법이다. 경도가 낮고 열처리가 필요하며, 단시간에 표면경화할 수 있으나 가열온도가 높다.

(3) 질화 경화법

강의 표면에 질소를 침투시켜 질화층을 만들어 표면을 경화시키는 방법이다. 담금질 과정이 없어 담금질 균열이 없고 변형이 적으며, 표면경화 시간이 길고 가열온도가 낮다.

(4) 화염 경화법

강의 표면 $1\sim3[mm]$를 화염으로 경화하고 저온 템퍼링을 하는 방법이다.

(5) 시안화법(청화법)

시안화물의 C와 N이 침투되게 하는 방법으로, 침탄법보다 경도가 높다.

6. 열처리의 종류

(1) 담금질(Quenching)

가열하여 오스테나이트로 만든 후 마텐자이트 조직으로 만들어 경화시키는 열처리이다. 냉각의 효과는 효과가 큰 순서대로 소금물 > 물 > 기름 > 공기의 순이며, 탄소강 조직의 강도 및 경도의 크기는 큰 순서대로 마텐자이트 > 트루스타이트 > 소르바이트 > 펄라이트 > 오스테나이트의 순이다.

(2) 뜨임(Tempering)

담금질한 강은 경도가 높고 취성이 크므로 내부응력을 제거하고 인성을 높이기 위해 A_1 변태점(723[℃]) 이하로 가열한 후 냉각시키는 열처리이다.

(3) 풀림(Annealing)

적당한 온도까지 가열한 후 그 온도에서 서서히 냉각시키는 열처리이다. 풀림의 목적은 내부응력 제거, 강의 연화, 결정조직 균일화, 기계적 성질 개선 등이다.

(4) 불림(Normalizing)

냉간가공이나 단조 등에 의한 내부응력을 제거하는 것이 목적인 열처리로, 소준이라고도 한다. 소르바이트 조직을 얻고, 주조 때의 결정조직을 미세화하며 미세하고 균일한 표준화된 조직을 얻을 수 있다.

📋 시험문제 미리보기!

소성가공을 하고 난 후에는 내부응력이 생긴다. 다음 중 이 내부응력을 제거하고 조직을 미세화시키고 균일화시키는 열처리 방법은?

① 담금질 　　② 불림 　　③ 풀림 　　④ 뜨임

정답 ②

해설 [오답노트]
　　① 담금질: 재료의 경도를 높이는 열처리 방법
　　③ 풀림: 재료를 연화시키고 기계적 성질을 개선시키는 열처리 방법
　　④ 뜨임: 담금질한 재료에 인성을 부여하는 열처리 방법

기계직 전문가의 TIP

심냉처리

담금질 후 0[℃] 이하로 냉각하는 것으로, 심냉처리를 하면 잔류 오스테나이트가 마텐자이트로 변하여 경도가 증가하고 시효변형이 방지됩니다.

7. 금속침투에 의한 경화법

(1) 실리콘나이징(Siliconizing)

강재 표면에 규소증기 또는 염화규소증기를 침투시켜 내식성을 증가시킨다.

(2) 크로마이징(Chromizing)

강재 표면에 크롬을 침투시켜 스테인리스의 성질을 가지게 하여 내열, 내식성, 내마모성을 증가시킨다.

(3) 칼로라이징(Calorizing)

강재 표면에 알루미늄을 침투시켜 내열, 내산화성을 향상시키고, Al 분말과 소량의 염화암모늄을 사용하여 850~1000[℃]에서 12~24시간 가열한다.

(4) 보로나이징(Boronizing)

강재 표면에 붕소를 침투시켜 경도를 증가시킨다.

(5) 세라다이징(Sheradizing)

강재 표면에 아연을 침투시켜 원자 간의 상호확산이 일어나도록 하여 내식성을 향상시킨다.

▤ 시험문제 미리보기!

다음 중 강재 표면에 붕소를 침투시키는 표면경화법은?

① 실리콘나이징　　② 크로마이징　　③ 보로나이징　　④ 칼로라이징

정답 ③

해설 오답노트
① 실리콘나이징은 규소증기 또는 염화규소증기를 침투시켜 내식성을 증가시킨다.
② 크로마이징은 크롬을 침투시킨다.
④ 칼로라이징은 알루미늄을 침투시킨다.

8. 특수강(합금강)

(1) 구조용 특수강

① 니켈강: 내식성, 내마모성, 강도가 크고 질량의 영향을 별로 받지 않아 질량효과가 작다.

② 크롬강: 내식성, 내마모성, 내열성이 우수하고 담금질성과 뜨임효과가 개선된다.

③ 니켈-크롬강: 연신율, 충격값의 감소가 작고 경도, 열처리효과가 크다.

④ 크롬-몰리브덴강: 담금질이 쉽고, 뜨임 메짐이 작다.

⑤ 고속도강: 500~600[℃]의 고온에서도 경도가 저하되지 않고 내마멸성이 커 고속절삭의 공구로 사용된다.
- 텅스텐계열: 텅스텐(W)과 바나듐(V) 함유
- 몰리브덴계열: 텅스텐(W)과 몰리브덴(Mo) 함유

(2) 공구용 특수강

① 초경합금: 탄화텅스텐, 탄화티탄, 탄화탈탄의 분말에 결합제로 Co(코발트) 분말을 혼합한 후 금형에 넣고 가압성형한 것

② 세라믹: 알루미나에 Cu(구리), Ni(니켈), Mn(망간)을 첨가한 것으로, 열전도율이 낮고 1200[℃]까지 경도 변화가 없으며 충격에 약하다.

③ 공구강의 경도: 다이아몬드 > 세라믹 > 초경합금 > 고속도강 > 주조경질합금 > 합금공구강 > 탄소공구강

(3) 특수목적용 특수강

특수목적용 특수강의 일종인 스테인리스강은 탄소공구강에 Cr(크롬), Ni을 다량 첨가한 것으로, 12[%] 이상의 Cr을 함유할 때 스테인리스강이라고 한다. 18-8형은 Cr 18[%], Ni 8[%]를 함유한다.

(4) 계측기용 특수강

계측기용 특수강의 일종인 불변강은 주위 온도가 변화해도 재료의 선팽창계수나 탄성률 등이 변하지 않는다.

① 인바(Invar): Fe-Ni(철-니켈) 36[%]로, 선팽창계수가 작고 내식성이 좋아 측정기 재료로 사용된다.

② 엘린바(Elinvar): Fe-Ni 36[%], Cr 12[%]로, 탄성률이 온도변화의 영향을 거의 받지 않는다.

③ 플래티나이트(Platinite): Fe-Ni 44~48[%]로, 전구의 도입선으로 사용된다.

④ 초인바(Super invar): Fe-Ni 29~40[%]로, Cr 5[%] 인바보다 선팽창계수가 작다.

⑤ 코엘린바(Co-elinvar): 엘린바+Co

기계직 전문가의 TIP

강재기호

기호	의미
SM	구조용 탄소강
SKH	고속도강
STC	탄소공구강
SPS	스프링강
SNC	니켈-크롬강
SF	단조강
SC	탄소주강

03 비철재료

1. 비철금속

(1) 황동(Cu+Zn)

Zn(아연)의 함유량이 50[%]일 때 전기전도율이 최대이고, Zn의 함유량에 따라 색상이 변한다. 황동의 종류에는 톰백, 7:3 황동, 6:4 황동 등이 있다.

① 톰백: Cu(구리)+Zn 5~20[%]로, 전연성[1]이 좋고 강도가 낮아 화폐나 메달에 사용된다.

② 7:3 황동: Cu 70[%]+Zn 30[%]로, 연신율이 최대이며 600[℃] 이상에서 고온취성이 생긴다.

③ 6:4 황동: Cu 60[%]+Zn 40[%]로, 인장강도가 최대이다.

(2) 청동(Cu+Sn)

내식성이 좋아 장신구, 무기, 불상, 종, 베어링 등에 사용된다.

(3) 알루미늄 합금

① 주물용
- 실루민(Silumin): Al-Si계열 합금으로, 알팩스라고도 한다. 주조성은 좋으나 절삭성이 나쁘다.
- Y합금: Al-Cu-Ni-Mg계열 합금으로, 고온강도가 크며 내연기관용 실린더, 피스톤에 사용된다.
- 로엑스(Lo-Ex): Al-Si-Mg-Ni-Cu-Fe계열 합금으로, 내열성이 좋다.
- 라우탈(Lautal): Al-Cu-Si계열 합금으로, 주조성이 좋고 시효경화성이 있다.

② 가공용
- 두랄루민(Duralumin): Al-Cu-Mg-Mn-Si계열 합금으로, 경량 고강도이며 항공기재료로 사용된다.
- 초두랄루민(Super Duralumin): 두랄루민에서 Mg을 증가시키고, Si를 감소시킨 합금이다.

(4) 마그네슘 합금

공업용 금속 중에서 가장 가볍고 진동감쇠성능이 우수하다.

(5) 니켈 합금

산에 약하고 알칼리에 강하며, 페라이트 조직을 안정시키고 전연성이 풍부하다. 상온에서는 강자성체이나 360[℃]에서 상자성체로 변해 자성을 잃는다.

1) 전연성
여러 방향으로 펴지는 성질을 전성이라고 하고, 길이 방향으로 늘어나는 성질을 연성이라고 하는데, 이를 합쳐서 전연성이라고 함

1. 합성수지

(1) 열가소성 수지

재생이 가능하며 폴리염화비닐수지, 폴리스티렌수지, 폴리에틸렌수지, 아크릴수지, 나일론수지, 폴리프로필렌수지 등이 있다.

(2) 열경화성 수지

재생이 불가능하며 폴리에스테르수리, 페놀수지, 멜라민수지, 실리콘수지, 요소수지, 아미노수지, 에폭시수지 등이 있다.

2. 신소재

(1) 형상기억합금

상온에서 변형 후 온도가 형상기억 온도로 변화하면 원래의 형상으로 복원되는 합금으로 우주선 안테나, 치아 교정기, 안경테에 사용된다.

(2) 파인세라믹스(Fine ceramics)

무기질재료를 높은 온도로 가열하여 소결한 것으로 인공 뼈, 특수타일, 자동차 엔진에 사용된다.

(3) 초소성재료

유리질처럼 늘어나는 특수한 금속재료이다.

(4) 수소저장합금

저온고압에서 수소를 흡수하였다가 다시 수소를 방출하는 금속이다.

기계직 전문가의 TIP

베어링재료

- 플라스틱 베어링: 금속베어링보다 내열성 및 강성이 우수
- 주철베어링재료: 저속저압용으로 사용
- 구리베어링재료: 열전도도와 내마멸성, 내충격성이 우수
- 화이트메탈 베어링재료: 연한 금속을 주성분으로 한 백색합금
- 포유소결합금베어링: 급유가 곤란하거나 필요하지 않은 곳에 사용

출제빈도: ★☆☆ 대표출제기업: 한국남부발전, 대전교통공사

01 다음 중 금속결정에 인장력을 가하면 원자가 원자면을 따라 미끄러지는 현상은?

① 슬립   ② 전위   ③ 쌍정   ④ 경화

출제빈도: ★★☆ 대표출제기업: 서울교통공사, 한국수력원자력

02 다음 중 강력한 탈산제로 충분히 탈산시킨 완전탈산강은?

① 림드강   ② 킬드강   ③ 세미킬드강   ④ 캡드강

출제빈도: ★★★ 대표출제기업: 한국남동발전, 한국지역난방공사, 인천도시공사

03 다음 중 γ고용체라고도 하며, 상자성체이고 인성이 크며 면심입방격자인 조직은?

① 펄라이트   ② 페라이트   ③ 오스테나이트   ④ 시멘타이트

출제빈도: ★★★ **대표출제기업:** 인천교통공사, 한국가스공사, 대구도시철도공사

04 다음 중 강에 탄소함유량이 많을수록 나타나는 현상으로 옳은 것은?

① 충격값이 감소한다.

② 경도가 감소한다.

③ 인장강도가 감소한다.

④ 용융점이 증가한다.

정답 및 해설

01 ①

오답노트
② 전위: 규칙적으로 배열되어 있는 금속 격자에 외력이 작용했을 때 불완전하거나 결함이 있는 곳에서부터 이동이 생기는 현상
③ 쌍정: 변형 전후의 격자 배열이 대칭되는 현상
④ 경화: 금속 입자가 미끄러짐에 대한 저항을 일으켜 단단해지는 현상

02 ②

오답노트
① 림드강은 페로망간으로 가볍게 탈산시킨다.
③ 세미킬드강은 킬드강과 림드강의 중간 정도로 탈산시킨다.
④ 캡드강은 표면층의 테두리를 얇게 한다.

03 ③

오답노트
① 펄라이트: α고용체 + Fe_3C
② 페라이트: α고용체
④ 시멘타이트: Fe_3C

04 ①

오답노트
②, ③, ④ 탄소함유량이 많을수록 경도와 인장강도가 증가하고, 용융점이 감소한다.

출제빈도: ★★★ 대표출제기업: 한국중부발전, 한국가스안전공사, 한국가스기술공사

05 다음 중 담금질한 것에 인성을 부여하기 위한 열처리 방법은?

① 풀림   ② 심냉처리   ③ 불림   ④ 뜨임

출제빈도: ★★★ 대표출제기업: 한국남부발전, 한국중부발전, 대구도시철도공사

06 다음 중 침탄법과 질화법을 비교한 내용으로 옳지 않은 것은?

① 침탄법은 질화법보다 경도가 낮다.
② 침탄층은 여리고 질화층은 단단하다.
③ 침탄 후에는 수정이 가능하고 질화 후에는 수정이 불가능하다.
④ 침탄법은 질화법보다 가열온도가 높다.

출제빈도: ★★☆ 대표출제기업: 한국동서발전, 한국지역난방공사, 한전KPS

07 다음 중 철강 표면에 알루미늄을 확산 침투시키는 방법으로 내열, 내산화성을 요구하는 부품에 적용되는 것은?

① 칼로라이징   ② 실리콘나이징   ③ 크로마이징   ④ 보로나이징

출제빈도: ★★★ 대표출제기업: 한국동서발전, 한국가스기술공사, 인천도시공사

08 다음 중 탄소공구강에 Cr, Ni을 첨가하였는데 Cr이 12[%] 이상 함유된 강은?

① 쾌삭강   ② 고속도강   ③ 내식강   ④ 스테인리스강

출제빈도: ★★☆ **대표출제기업:** 서울교통공사, 한국지역난방공사, 한전KPS

09 다음 중 선팽창계수가 작고 줄자, 표준자 등에 사용되는 불변강은?

① 엘린바   ② 인바   ③ 플래티나이트   ④ 초인바

정답 및 해설

05 ④

뜨임은 내부응력을 제거하고 인성을 높이기 위해 A_1변태점 (723[℃]) 이하로 가열한 후 냉각시키는 열처리 방법이다.

오답노트
① 풀림: 적당한 온도까지 가열한 후 그 온도에서 서서히 냉각시키는 열처리 방법
② 심냉처리: 0[℃] 이하에서 뜨임 열처리를 하는 것
③ 불림: 강을 표준상태로 되돌리기 위한 것으로, 불균일한 조직을 제거하고 결정립을 미세화시켜 기계적 성질을 향상시키는 열처리 방법

06 ②

침탄층은 단단하고 질화층은 여리다.

07 ①

오답노트
② 실리콘나이징: 강재 표면에 규소를 침투시키는 방법
③ 크로마이징: 강재 표면에 크롬을 침투시키는 방법
④ 보로나이징: 강재 표면에 붕소를 침투시켜 경도를 높이는 방법

08 ④

오답노트
① 쾌삭강은 탄소공구강에 Pb, P, Mn을 첨가한 것이다.
② 고속도강에는 텅스텐계열과 몰리브덴계열이 있다.
③ 내식강은 탄소공구강에 Cr, Ni을 첨가하였는데 Cr이 12[%] 이하 함유된 강이다.

09 ②

오답노트
① 엘린바는 고급시계, 정밀기기에 사용된다.
③ 플래티나이트는 전구의 도입선으로 사용된다.
④ 초인바는 인바보다 선팽창계수가 작다.

출제빈도: ★★★ 대표출제기업: 한국중부발전, 한국토지주택공사

10 다음 중 보통주철의 인성을 개선하기 위해 백주철의 탄화조직을 장시간 풀림 열처리한 주철은?

① 구상흑연주철　　　　② 칠드주철　　　　③ 가단주철　　　　④ 미하나이트주철

출제빈도: ★☆☆ 대표출제기업: 한국토지주택공사, 인천교통공사, 대전교통공사

11 다음 중 황동에 대한 설명으로 옳은 것은?

① Cu + Sn 합금이다.
② 8:2 황동과 6:4 황동이 있다.
③ Zn의 함유량이 50[%]일 때 열전도율이 최고이다.
④ Cu + Zn 5~20[%]를 함유한 것을 문쯔메탈이라고 한다.

출제빈도: ★☆☆ 대표출제기업: 한국남부발전, 서울주택도시공사, 대전교통공사

12 다음 중 열경화성 수지에 해당하는 것은?

① 페놀수지　　　　② 아크릴수지　　　　③ 폴리에틸렌수지　　　　④ 폴리프로필렌수지

출제빈도: ★★★ **대표출제기업:** 한국남동발전, 인천교통공사, 한국공항공사

13 쇼어 경도계에서 처음 낙하체의 높이가 50[cm]이고 반발높이는 260[cm]일 때, 쇼어 경도값은 얼마인가?

① 200　　　　　② 300　　　　　③ 600　　　　　④ 800

정답 및 해설

10 ③

오답노트
① 구상흑연주철: 용융상태의 주철에 Mg, Ca, Ce를 첨가하여 흑연을 구상화한 주철
② 칠드주철: 금형에 접촉되는 부분만 담금질한 주철
④ 미하나이트주철: 보통주철에 규소철 또는 칼슘실리케이트를 첨가하여 강도를 높인 주철로 크랭크, 기어 등에 사용된다.

더 알아보기
가단주철은 일반주철보다 연성, 내연성, 절삭성, 주조성이 좋다.

11 ③

오답노트
① Cu + Zn 합금이다.
② 7:3 황동과 6:4 황동이 있다.
④ Cu + Zn 5~20[%]를 함유한 것을 톰백이라고 한다.

12 ①

열경화성 수지에는 페놀수지, 요소수지, 에폭시수지, 폴리에스테르수지 등이 있고, 열가소성 수지에는 폴리프로필렌수지, 폴리에틸렌수지, 아크릴수지, 폴리스티렌수지 등이 있다.

13 ④

$$H_S = \frac{10000}{65} \times \frac{260}{50} = 800$$

더 알아보기
• 재료시험에서의 연신율(Elongation ratio): $\varepsilon = \frac{l-l_0}{l_0} \times 100[\%]$
 (l: 시험 후 표점거리, l_0: 시험 전 표점거리)
• 재료시험에서의 단면수축률(Reduction of area):
 $\phi = \frac{A_0 - A}{A_0} \times 100[\%]$
 (A_0: 시험 전 시편의 단면적, A: 시험 후 시편의 단면적)

출제빈도: ★★☆ 대표출제기업: 한국동서발전, 한국지역난방공사

14 다음 중 베어링재료에 대한 설명으로 옳지 않은 것은?

① 구리합금은 열전도도가 좋고, 마멸과 충격에 잘 견딘다.
② 화이트메탈은 연한 금속을 주성분으로 한 백색합금이다.
③ 포유소결합금은 급유가 곤란하거나 필요하지 않은 곳에 사용한다.
④ 플라스틱 베어링은 아직은 금속베어링을 능가하지 못한다.

출제빈도: ★★☆ 대표출제기업: 한국지역난방공사, 한전KPS

15 다음 중 순철에 대한 설명으로 옳지 않은 것은?

① A_3변태점은 912[℃]이다.
② A_4변태점은 1394[℃]이다.
③ A_2변태점을 지나면 상자성체에서 강자성체로 변한다.
④ γ철은 면심입방구조(FCC)이다.

출제빈도: ★☆☆ 대표출제기업: 한국남부발전, 한국지역난방공사

16 다음 중 오스테나이트에 대한 설명으로 옳지 않은 것은?

① 오스테나이트를 수냉하면 마텐자이트가 된다.
② 오스테나이트를 노냉하면 펄라이트가 된다.
③ 오스테나이트를 공랭하면 트루스타이트가 된다.
④ 오스테나이트를 유냉하면 마텐자이트나 트루스타이트가 된다.

출제빈도: ★★☆ 대표출제기업: 한국지역난방공사

17 다음 중 접종제를 첨가해 회주철의 흑연을 미세화시키고 균일하게 하여 강도를 높인 펄라이트 바탕의 조직을 지닌 주철은?

① 미하나이트주철　　　② 구상흑연주철　　　③ 칠드주철　　　④ 가단주철

정답 및 해설

14 ④

플라스틱 베어링은 뛰어난 강성과 열적 성질로 금속베어링을 능가하고 있다.

15 ③

A_2변태점을 지나면 강자성체에서 상자성체로 변한다.

16 ③

오스테나이트를 공랭하면 소르바이트가 된다.

17 ①

오답노트

② 구상흑연주철: 흑연을 구상화하여 인성을 향상시킨 주철

③ 칠드주철: 주형에 주조할 때 경도가 필요한 부분에 칠메탈을 이용하여 그 부분의 경도를 향상시킨 주철

④ 가단주철: 주철을 열처리하여 가단성을 향상시킨 주철

제3장 재료역학

📖 대표출제기업

2021년~2022년 상반기 필기시험 기준으로 한국철도공사, 한국남동발전, 서울교통공사, 한국서부발전, 한국동서발전, 한국수력원자력, 한국중부발전, 한국토지주택공사, 한국도로공사, 한국농어촌공사, 부산교통공사, 한국에너지공단, 한국지역난방공사, 한전KPS, 한국가스안전공사, 대구도시철도공사, 서울주택도시공사 등의 기업에서 출제하고 있다.

▣ 출제비중

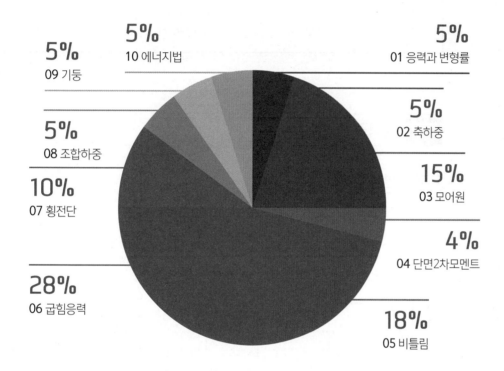

5%
10 에너지법

5%
09 기둥

5%
08 조합하중

10%
07 횡전단

28%
06 굽힘응력

5%
01 응력과 변형률

5%
02 축하중

15%
03 모어원

4%
04 단면2차모멘트

18%
05 비틀림

✔ **기출 Keyword**

- 응력
- 변형률
- 축하중
- 비틀림
- 굽힘응력
- 수평전단응력
- 탄성에너지
- 처짐량
- 단면계수
- 모멘트
- 전단력
- 반력
- 보
- 기둥
- 부정정보
- 단면2차모멘트
- 주응력
- 모어원
- 최대전단응력

---

01 응력과 변형률

출제빈도 ★

1. 응력 변형률 선도

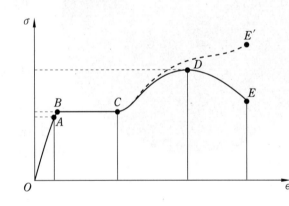

A: 응력과 변형률이 선형으로 비례하는 비례한도
B: 상항복점
C: 하항복점
D: 극한강도
E: 파괴점(공칭응력 = 하중 / 최초 단면적)
E': 파괴점(진응력 = 하중 / 실제 단면적)

2. 여러 가지 변형

(1) 피로파괴

재료가 항복강도보다 작은 응력을 반복적으로 받으면 파괴되는 현상을 말한다.

(2) 크리프(Creep)

일정한 하중을 가하면 시간이 경과하면서 점차 변형이 늘어나는 현상을 말한다.

(3) 바우싱거효과(Bauschinger effect)

재료를 탄성한계 이상으로 인장한 후 반대방향으로 압축하면 인장 압축강도보다 압축강도가 저하되는 현상을 말한다.

▤▮ 시험문제 미리보기!

다음 중 시간이 지나면서 변형량이 점차 늘어나는 현상은?

① 피로   ② 크리프   ③ 항복점   ④ 바우싱거효과

정답 ②

해설   시간이 지나면서 하중은 일정함에도 불구하고 변형량이 점차 늘어나는 현상은 크리프이다.

오답노트
① 피로: 항복강도보다 작은 응력을 반복적으로 받는 현상
③ 항복점: 탄성변형을 넘어서 소성변형으로 가는 지점
④ 바우싱거효과: 탄성한계 이상의 힘을 한 번 받으면 인장 압축강도보다 압축강도가 저하되는 현상

02 축하중

출제빈도 ★★

1. 축방향의 변형량

단면적이 A, 탄성계수가 E, 축 하중이 P일 때 축방향의 변형량은 다음과 같다.

$$\delta = \frac{PL}{EA}$$

2. 프와송의 비

축하중을 받을 때 가로변형률과 세로변형률 사이에는 다음의 관계가 성립한다.

$$\nu = \frac{\text{가로변형률}}{\text{세로변형률}} = \frac{1}{\text{프와송의 수}(m)}$$

3. 열응력

물체가 구속된 상태에서 열이 가해지면 재료는 늘어나려고 하므로 응력이 발생한다.

$$\sigma = \alpha E \Delta T$$

$(\alpha$: 열팽창계수, E: 탄성계수, ΔT: 온도변화$)$

기계직 전문가의 TIP

$\sigma = \dfrac{P}{A} = E\varepsilon = E\dfrac{\delta}{L}$, $\delta = \dfrac{PL}{EA}$

$\dfrac{PL}{EA}$은 응력과 변형률의 관계식에서 유도되었습니다.

제3장 재료역학

해커스공기업 쉽게 끝내는 기계직 기본서

📋 시험문제 미리보기!

프와송의 비가 0.3이고 횡탄성계수가 50[GPa]일 때, 종탄성계수는?

① 130[GPa]　　② 260[GPa]　　③ 390[GPa]　　④ 520[GPa]

정답　①
해설　$E = 2G(1+\nu) = 2 \times 50 \times (1+0.3) = 130[GPa]$

4. 원통형 압력용기

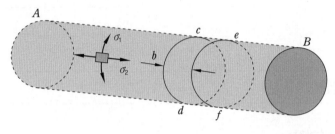

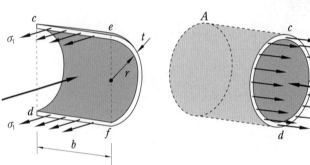

- 축방향 응력 $= \dfrac{pd}{4t}$

- 원주방향 응력 $= \dfrac{pd}{2t}$

(p: 압력, d: 직경, t: 두께)

📋 시험문제 미리보기!

압력이 2[MPa], 직경이 1.2[m], 두께가 20[mm]인 실린더용기의 원주방향 응력은?

① 30[MPa]　　② 40[MPa]　　③ 50[MPa]　　④ 60[MPa]

정답　④
해설　원주방향 응력 $= \dfrac{pd}{2t} = \dfrac{2000[kPa] \times 1.2}{2 \times 0.02} = 60000[kPa] = 60[MPa]$

1. 모어원

(1) 모어원 그리는 방법

① σ_x는 x축, τ_{xy}는 y축상에 (σ_x, τ_{xy})와 $(\sigma_x, -\tau_{xy})$를 찍는다.

② (σ_x, τ_{xy})와 $(\sigma_x, -\tau_{xy})$의 중점을 x축상에 찍는다.

③ (σ_x, τ_{xy})와 $(\sigma_x, -\tau_{xy})$의 길이의 반을 반지름으로 하여 원을 그린다.

④ 원과 x축과의 교점 중에서 오른쪽 점이 σ_1(최대주응력), 왼쪽 점이 σ_2(최소주응력)이 된다.

⑤ 원의 반지름 $\dfrac{\sigma_1 - \sigma_2}{2}$이 $\tau_{\max}$(최대전단응력)가 된다.

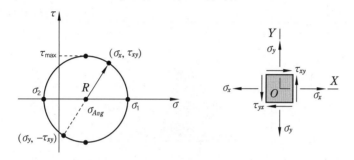

- 최대주응력 $\sigma_1 = \dfrac{1}{2}(\sigma_x + \sigma_y) + \dfrac{1}{2}\sqrt{(\sigma_x - \sigma_y)^2 + 4\tau_{xy}^2}$

- 최소주응력 $\sigma_2 = \dfrac{1}{2}(\sigma_x + \sigma_y) - \dfrac{1}{2}\sqrt{(\sigma_x - \sigma_y)^2 + 4\tau_{xy}^2}$

- 최대전단응력 $\tau_{\max} = \dfrac{1}{2}\sqrt{(\sigma_x - \sigma_y)^2 + 4\tau_{xy}^2}$

▤ 시험문제 미리보기!

평면응력상태이고, $\sigma_x = 20[MPa]$, $\sigma_y = 12[MPa]$, $\tau_{xy} = 3[MPa]$일 때, 최대전단응력은?

① $5[MPa]$ ② $10[MPa]$ ③ $15[MPa]$ ④ $20[MPa]$

정답 ①

해설 최대전단응력 $\tau_{\max} = \dfrac{1}{2}\sqrt{(\sigma_x - \sigma_y)^2 + 4\tau_{xy}^2} = \dfrac{1}{2}\sqrt{(20-12)^2 + 4 \times 3^2} = 5[MPa]$

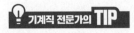

사각형, 삼각형, 원형에 대한 기본적인 공식은 암기해야 합니다.

1. 단면2차모멘트

단면2차모멘트는 재료가 굽힘이나 비틀림 등에 저항하는 정도를 나타낸다.

구분	공식
사각형 단면	• $\overline{I}_{x'} = \dfrac{1}{12}bh^3$ • $\overline{I}_{y'} = \dfrac{1}{12}b^3h$ • $I_x = \dfrac{1}{3}bh^3$ • $I_y = \dfrac{1}{3}b^3h$ • $J_C = \dfrac{1}{12}bh(b^2 + h^2)$
삼각형 단면	• $\overline{I}_{x'} = \dfrac{1}{36}bh^3$ • $I_x = \dfrac{1}{12}bh^3$
원형 단면	• $\overline{I}_x = \overline{I}_y = \dfrac{1}{4}\pi r^4$ • $J_O = \dfrac{1}{2}\pi r^4$

2. 평행축 정리

기준이 되는 축이 달라지면 단면2차모멘트 값도 달라진다. 이때 달라진 새로운 단면2차모멘트 값은 평행축 정리에 의해서 구할 수 있다.

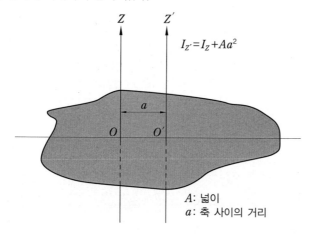

$$I_{z'} = I_z + Aa^2$$

A: 넓이
a: 축 사이의 거리

📋 시험문제 미리보기!

다음 삼각형의 x축에서의 단면2차모멘트는?

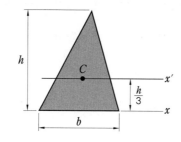

① $\dfrac{bh^3}{2}$　　　② $\dfrac{bh^3}{4}$　　　③ $\dfrac{bh^3}{8}$　　　④ $\dfrac{bh^3}{12}$

정답 ④

해설　$I_x = \overline{I_{x'}} + A\left(\dfrac{h}{3}\right)^2 = \dfrac{bh^3}{36} + \dfrac{bh}{2} \times \dfrac{h^2}{9} = \dfrac{bh^3}{12}$

기계직 전문가의 TIP

원형중실축의 극관성모멘트 $I_P = \frac{\pi d^4}{32}$ 이고, 원형중공축의 극관성

모멘트 $I_P = \frac{\pi(d_1^4 - d_0^4)}{32}$ (d_1: 외경, d_0: 내경)입니다.

1. 비틀림 응력

$$\tau = \frac{Tr}{I_P} = \frac{T}{Z_P}$$

(τ: 비틀림 응력, T: 토크, I_P: 극관성모멘트, Z_P: 극단면계수, r: 반경)

2. 비틀림각

$$\theta = \frac{TL}{GI_P}$$

(G: 횡탄성계수, T: 토크, I_P: 극관성모멘트, L: 축길이)

시험문제 미리보기!

길이 L의 원형중실축에 토크 T가 작용할 때, 직경이 $\frac{1}{2}$배가 되면 비틀림각은 몇 배가 되는가?

① 4배   ② 8배   ③ 16배   ④ 32배

정답 ③

해설 원형중실축의 $I_P = \frac{\pi d^4}{32}$ 이므로 $\frac{\pi\left(\frac{d}{2}\right)^4}{32} = \frac{1}{16}I_P$ 이다.

$\theta = \frac{TL}{GI_P} = \frac{TL}{\frac{1}{16}GI_P} = 16\theta$, 즉 16배가 된다.

1. 곡률

$$곡률(v) = \frac{1}{곡률반경(\rho)} = \frac{M}{EI}$$

(M: 굽힘 모멘트, E: 종탄성계수, I: 단면2차모멘트)

> **기계직 전문가의 TIP**
>
> 폭이 b, 높이가 h인 직사각형 단면의 단면2차모멘트 $I = \frac{bh^3}{12}$ 이고, 굽힘응력 $\sigma = \frac{My}{I} = \frac{M}{Z}$ (M: 굽힘 모멘트, I: 단면2차모멘트, $Z = \frac{I}{y}$: 단면계수, $Z = \frac{bh^2}{6}$, y: 중심축으로부터 거리)입니다.

2. 외팔보 및 단순지지보의 처짐

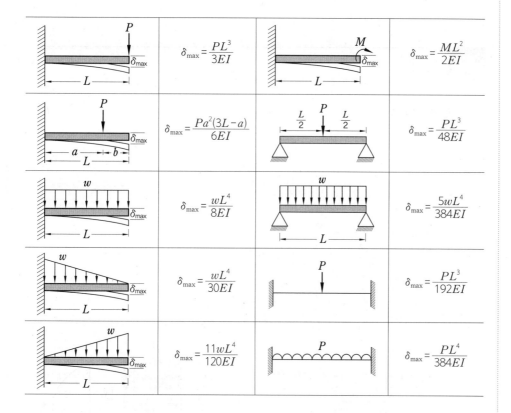

P	$\delta_{\max} = \frac{PL^3}{3EI}$	M	$\delta_{\max} = \frac{ML^2}{2EI}$
P, a, b, L	$\delta_{\max} = \frac{Pa^2(3L-a)}{6EI}$	$\frac{L}{2}$ P $\frac{L}{2}$	$\delta_{\max} = \frac{PL^3}{48EI}$
w	$\delta_{\max} = \frac{wL^4}{8EI}$	w	$\delta_{\max} = \frac{5wL^4}{384EI}$
w	$\delta_{\max} = \frac{wL^4}{30EI}$	P	$\delta_{\max} = \frac{PL^3}{192EI}$
w	$\delta_{\max} = \frac{11wL^4}{120EI}$	P	$\delta_{\max} = \frac{PL^4}{384EI}$

3. 부정정보의 처짐

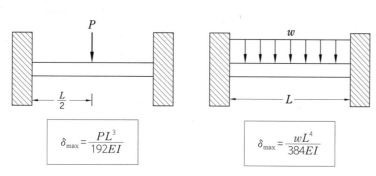

$$\delta_{\max} = \frac{PL^3}{192EI}$$

$$\delta_{\max} = \frac{wL^4}{384EI}$$

외팔보 끝단에 하중 P가 작용할 때 단면의 높이 h를 $\frac{h}{2}$로 하였다. 끝단의 처짐량은 몇 배가 되는가?

① 4배　　　　　　② 8배　　　　　　③ 16배　　　　　　④ 32배

정답 ①

해설 굽힘응력 $\sigma_1 = \frac{M}{Z} = \frac{M}{\frac{bh^2}{6}} = \frac{6M}{bh^2}$, $\sigma_2 = \frac{6M}{b\left(\frac{h}{2}\right)^2} = 4\frac{6M}{bh^2} = 4\sigma_1$, 즉 4배가 된다.

---

07 횡전단
출제빈도 ★★

1. 수평전단응력

$$\tau = \frac{VQ}{It}$$

(V: 전단력, Q: 1차 모멘트, I: 2차 모멘트, t: τ를 구하는 지점의 단면의 폭)

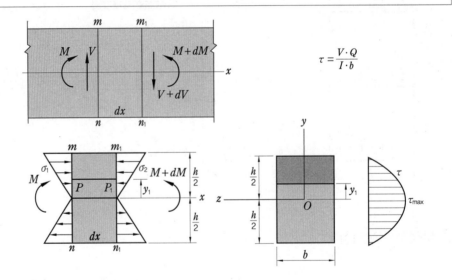

$$\tau = \frac{V \cdot Q}{I \cdot b}$$

2. 사각형 단면(폭 b, 높이 h)에서의 최대전단응력의 크기

$$\frac{3V}{2A} = 1.5\frac{V}{A}$$

(V: 전단력, A: bh)

▤ 시험문제 미리보기!

폭 $0.1[m]$, 높이 $0.2[m]$의 단면을 가진 길이 $2[m]$의 외팔보 끝단에 $40[kN]$의 하중이 작용할 때, 최대전단응력은?

① $2[MPa]$ ② $3[MPa]$ ③ $4[MPa]$ ④ $5[MPa]$

정답 ②

해설 $\tau_{max} = \dfrac{3V}{2A} = 1.5\dfrac{40}{0.1 \times 0.2} = 3000[kPa] = 3[MPa]$

3. 원형 단면(직경 d)에서의 최대전단응력의 크기

$$\frac{4V}{3A} = 1.33\frac{V}{A}$$

(V: 전단력, A: $\frac{\pi d^2}{4}$)

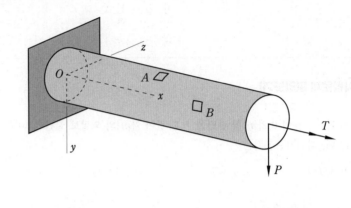

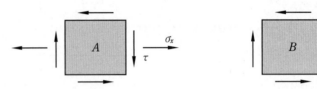

굽힘 모멘트와 비틀림 모멘트를 동시에 받을 때 등가 굽힘 모멘트 $M_e = \frac{1}{2}(M + \sqrt{M^2 + T^2})$, 등가 비틀림 모멘트 $T_e = \sqrt{M^2 + T^2}$ 이다.

- 비틀림응력 $\tau = \dfrac{T_e r}{I_P}$

  (T_e: 등가 비틀림 모멘트, I_P: 극관성모멘트, r: 축반경)

- 굽힘응력 $\sigma = \dfrac{M_e y}{I} = \dfrac{M_e}{Z}$

  (M_e: 등가 굽힘 모멘트, I: 단면2차모멘트, $Z = \dfrac{I}{y}$: 단면계수, y: 중심축으로부터 거리)

📋 시험문제 미리보기!

굽힘 모멘트 $8[N \cdot m]$, 비틀림 모멘트 $6[N \cdot m]$를 받는 원형중실축의 등가 굽힘 모멘트는?

① $6[N \cdot m]$ ② $7[N \cdot m]$ ③ $8[N \cdot m]$ ④ $9[N \cdot m]$

정답 ④

해설 $M_e = \frac{1}{2}(M + \sqrt{M^2 + T^2}) = \frac{1}{2}(8 + \sqrt{8^2 + 6^2}) = 9[N \cdot m]$

---

1. 핵반경

최소응력이 0인 편심거리를 말하며, 압축응력만 생긴다.

$$a = \frac{r^2}{e}, \ r_{min} = \sqrt{\frac{I}{A}}$$

(r: 최소 2차 반지름, I: 단면2차모멘트)

기계직 전문가의 TIP

원형 단면의 핵반경 $a = \dfrac{d}{8}$, 사각형 단면의 핵반경 $a = \dfrac{b}{6}$ 또는 $\dfrac{h}{6}$ 입니다.

2. 세장비

가느다란 정도를 말한다.

$$\lambda = \frac{l}{r}, \ r_{min} = \sqrt{\frac{I}{A}}$$

(λ: 세장비, r: 최소 2차 반지름, I: 단면2차모멘트)

1. 비틀림에 의한 탄성에너지

$$U = \frac{1}{2}T\theta = \frac{1}{2}T\frac{TL}{GI_P} = \frac{1}{2}T^2\frac{L}{G}\frac{32}{\pi d^4} = \frac{16T^2L}{\pi d^4 G}$$

📋 시험문제 미리보기!

길이 L, 직경 d의 원형중실축에 토크 T가 작용할 때, 지름이 $\frac{1}{2}$배가 되면 저장되는 탄성에너지는 몇 배가 되는가?

① 4배   ② 8배   ③ 16배   ④ 32배

정답 ③

해설 $U_1 = \dfrac{16T^2L}{\pi d^4 G}$ 에서 $U_2 = \dfrac{16T^2L}{\pi\left(\dfrac{d}{2}\right)^4 G} = 16U_1$, 즉 16배가 된다.

기계직 전문가의 TIP

수직응력에 의한 탄성에너지

$$U = \frac{P\delta}{2} = \frac{P^2L}{2EA} = \frac{\sigma^2}{2E}V$$

(P: 하중, δ: 변형량, σ: 응력, E: 종탄성계수, A: 단면적, V: 부피)

전단응력에 의한 탄성에너지

$$U = \frac{T\theta}{2} = \frac{T^2L}{2GI_P} = \frac{\tau^2}{2G}V$$

(T: 토크, θ: 변형량, τ: 응력, G: 횡탄성계수, I_P: 극관성모멘트, V: 부피)

출제빈도: ★★★ 대표출제기업: 한국동서발전, 한전KPS, 한국가스공사

01 다음 중 응력 변형률 선도에 대한 설명으로 옳은 것은?

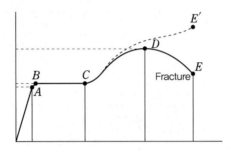

① A 점은 항복한도이다.
② B 점은 비례한도이다.
③ $B{\sim}C$ 구간은 완전 소성구간이다.
④ D 점은 파괴점이다.

출제빈도: ★☆☆ 대표출제기업: 한국지역난방공사, 한국가스공사

02 다음 중 구간 BC에 작용하는 힘의 종류와 크기를 순서대로 바르게 나열한 것은?

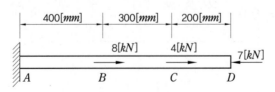

① 인장력, 5[kN]   ② 압축력, 5[kN]   ③ 인장력, 3[kN]   ④ 압축력, 3[kN]

출제빈도: ★★☆ 대표출제기업: 한국수력원자력, 한국가스공사

03 지름이 100[mm], 길이가 1[m]인 원형 봉의 지름 변형량은 2[mm], 길이 변형량은 40[mm]일 때, 프와송의 비는?

① 0.2　　　　② 0.3　　　　③ 0.4　　　　④ 0.5

출제빈도: ★★☆ 대표출제기업: 서울주택도시공사, 인천도시공사

04 어떤 재료의 종탄성계수가 120[GPa], 프와송의 비는 0.5일 때, 횡탄성계수 G는?

① 40[GPa]　　　② 50[GPa]　　　③ 60[GPa]　　　④ 80[GPa]

정답 및 해설

01 ③

오답노트
① A 점은 비례한도이다.
② B 점은 상항복점이다.
④ D 점은 극한강도이다.

02 ④
압축력이 작용하며, 그 크기는 $4-7=|-3|=3[kN]$이다.

03 ④

프와송의 비 $= \dfrac{\text{가로변형률}}{\text{세로변형률}} = \dfrac{\frac{2}{100}}{\frac{40}{1000}} = \dfrac{0.02}{0.04} = 0.5$

04 ①

$G = \dfrac{E}{2(1+\nu)} = \dfrac{120}{2(1+0.5)} = \dfrac{120}{3} = 40[GPa]$

출제빈도: ★★☆ 대표출제기업: 한국남동발전, 한국중부발전, 서울주택도시공사

05 다음과 같은 평면응력상태에서 최대주응력은?

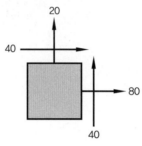

① 80[GPa] ② 100[GPa] ③ 120[GPa] ④ 200[GPa]

출제빈도: ★★☆ 대표출제기업: 한국철도공사, 한국동서발전, 한전KPS

06 중실 원통형 봉의 지름이 $\frac{1}{2}$배가 되고, 길이가 2배가 되면 비틀림각은 몇 배가 되는가?

① 4배 ② 8배 ③ 16배 ④ 32배

출제빈도: ★☆☆ 대표출제기업: 한국동서발전, 부산교통공사

07 인장하중을 받는 같은 재질의 중실 원형 봉의 길이를 3배로 늘리고, 지름을 2배로 했을 때의 탄성에너지의 비 $\frac{U_2}{U_1}$는?

① $\frac{1}{2}$ ② $\frac{3}{4}$ ③ 4 ④ 6

출제빈도: ★★★   대표출제기업: 한국중부발전, 한국에너지공단, 한국가스안전공사

08 원형 단면적을 가진 다음과 같은 보의 최대굽힘응력은?

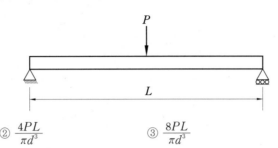

① $\dfrac{2PL}{\pi d^3}$ ② $\dfrac{4PL}{\pi d^3}$ ③ $\dfrac{8PL}{\pi d^3}$ ④ $\dfrac{16PL}{\pi d^3}$

정답 및 해설

05 ②

$$\sigma_1 = \frac{1}{2}(80+20) + \frac{1}{2}\sqrt{(80-20)^2 + 4 \times 40^2} = 100[GPa]$$

06 ④

$$\theta_0 = \frac{TL}{GI_P} = \frac{TL}{G\frac{\pi d^4}{32}}, \ \theta_1 = \frac{T2L}{G\frac{\pi\left(\frac{d}{2}\right)^4}{32}} = 32\frac{TL}{G\frac{\pi d^4}{32}} = 32\theta_0,$$

즉 32배가 된다.

07 ②

$$U_1 = \frac{P^2 L}{2EA} = \frac{P^2 L}{2E\frac{\pi d^2}{4}}, \ U_2 = \frac{P^2 3L}{2E\frac{\pi(2d)^2}{4}} = \frac{3}{4}\frac{P^2 L}{2E\frac{\pi d^2}{4}} = \frac{3}{4}U_1$$

$$\therefore \frac{U_2}{U_1} = \frac{3}{4}$$

08 ③

$$\sigma_{\max} = \frac{M_{\max}}{Z} = \frac{\frac{PL}{4}}{\frac{\pi d^3}{32}} = \frac{8PL}{\pi d^3}$$

출제빈도: ★★★ 대표출제기업: 한국남부발전, 한국중부발전, 한국가스공사

09 다음과 같은 보 끝단의 처짐량은?

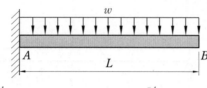

① $\dfrac{wL^4}{8EI}$ ② $\dfrac{wL^4}{30EI}$ ③ $\dfrac{5wL^4}{384EI}$ ④ $\dfrac{11wL^4}{120EI}$

출제빈도: ★☆☆ 대표출제기업: 한국가스안전공사

10 단순지지보의 중앙점에 P가 작용할 때의 처짐량은 양단고정보의 중앙점에 P가 작용할 때의 처짐량의 몇 배인가?

① 4배   ② 8배   ③ 16배   ④ 32배

출제빈도: ★☆☆ 대표출제기업: 한국철도공사, 한국수력원자력

11 세장비를 λ, 최소 2차 반지름을 r, 단면2차모멘트를 I, 기둥의 단면적을 A, 기둥의 길이를 l이라고 할 때, 다음 중 올바른 공식은?

① $\lambda = \dfrac{l}{r}$, $r_{\min} = \sqrt{AI}$ ② $\lambda = \dfrac{l}{r}$, $r_{\min} = \sqrt{\dfrac{A}{I}}$

③ $\lambda = \dfrac{r}{l}$, $r_{\min} = \sqrt{\dfrac{I}{A}}$ ④ $\lambda = \dfrac{l}{r}$, $r_{\min} = \sqrt{\dfrac{I}{A}}$

출제빈도: ★★☆ 대표출제기업: 서울교통공사, 한국수력원자력

12 전동축의 길이는 L이고, 지름은 d이다. 만약 지름을 $\sqrt{3}d$로 변경하면 비틀림 모멘트에 의한 비틀림각은 몇 배가 되는가?

① 1배　　　　② $\dfrac{1}{2}$배　　　　③ $\dfrac{1}{4}$배　　　　④ $\dfrac{1}{9}$배

정답 및 해설

09 ①

외팔보 균일분포하중의 처짐량은 $\dfrac{wL^4}{8EI}$이다.

10 ①

- 단순지지보의 처짐량 = $\dfrac{PL^3}{48EI}$

- 양단고정보의 처짐량 = $\dfrac{PL^3}{192EI}$

$\therefore \dfrac{\dfrac{PL^3}{48EI}}{\dfrac{PL^3}{192EI}} = 4$, 즉 4배이다.

11 ④

세장비는 가느다란 정도로서 길이에 비례하고 반지름에 반비례한다.

12 ④

$$\theta_1 = \frac{TL}{GI_P} = \frac{TL}{G \times \dfrac{\pi d^4}{32}} = \frac{32TL}{G\pi d^4}$$

$$\theta_2 = \frac{TL}{G \times \dfrac{\pi(\sqrt{3}d)^4}{32}} = \frac{32TL}{9 \times G\pi d^4} = \frac{1}{9}\theta_1, \ \text{즉} \ \frac{1}{9}\text{배가 된다.}$$

제4장 유체역학

■ 학습목표

1. 유체역학의 기본단위 및 물성치를 암기한다.
2. 유체정역학의 압력, 힘과 유체동역학의 유속, 유량, 밀도를 이해한다.
3. 유압기기 및 유체기계의 기본 개념을 이해한다.

■ 대표출제기업

2021년~2022년 상반기 필기시험 기준으로 한국철도공사, 한국남동발전, 서울교통공사, 한국서부발전, 한국동서발전, 한국수력원자력, 한국수자원공사, 한국중부발전, 한국토지주택공사, 한국도로공사, 부산교통공사, 한국에너지공단, 한국지역난방공사, 한전KPS, 한국가스안전공사, 한국가스공사, 대구도시철도공사, 서울주택도시공사 등의 기업에서 출제하고 있다.

■ 출제비중

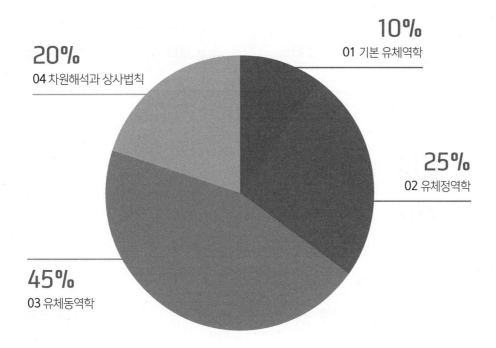

10%
01 기본 유체역학

25%
02 유체정역학

45%
03 유체동역학

20%
04 차원해석과 상사법칙

✓ 기출 Keyword

- 뉴튼유체
- 비중
- 압력
- 운동량 방정식
- 상사법칙
- 유속
- 펌프

- 밀도
- 표면장력
- 수두
- 베르누이 방정식
- 무차원수
- 유압

- 부피
- 모세관
- 부력
- 수력도약
- 마하수
- 층류

- 체적탄성계수
- 파스칼의 원리
- 오일러
- 레이놀즈수
- 노즐
- 난류

01 기본 유체역학
출제빈도 ★

1. 단위

물리량의 정성적인 표현으로 절대단위계에서는 MLT를, 중력단위계에서는 FLT를 사용한다.

(1) 1차 차원

질량	길이	시간
• $Mass$ • kg • M	• $Length$ • m • L	• $Time$ • s • T

(2) 2차 차원

구분	FLT	MLT	구분	FLT	MLT
면적	L^2	L^2	압력	FL^{-2}	$ML^{-1}T^{-2}$
부피	L^3	L^3	파워	FLT^{-1}	ML^2T^{-3}
속도	LT^{-1}	LT^{-1}	점성계수	$FL^{-2}T$	$ML^{-1}T^{-1}$
각속도	T^{-1}	T^{-1}	동점성계수	L^2T^{-1}	L^2T^{-1}
밀도	$FL^{-4}T^2$	ML^{-3}	에너지, 일	$F \cdot L$	ML^2T^{-2}

(3) 차원 계산의 예

① 힘

$$F = ma = MLT^{-2} = \frac{ML}{T^2}$$

② 압력

$$P = \frac{\text{힘}}{\text{넓이}} = \frac{MLT^{-2}}{L^2} = ML^{-1}T^{-2}$$

2. 밀도(Density)

(1) 정의

물질의 밀집도의 정도를 말하며, 단위부피당 질량으로 표현한다.

(2) 밀도의 계산

① 밀도

$$\rho(\text{밀도}, \ kg/m^3) = \frac{M(\text{질량})}{V(\text{부피})}$$

② 물의 밀도 = 997$[kg/m^3]$이지만, 일반적으로 1000$[kg/m^3]$를 주로 사용한다.

3. 비중량(Specific Weight)

(1) 정의

물질의 단위부피당 중량을 말하며, 물질의 밀도에 중력가속도 g를 곱한 값이다.

(2) 비중량의 계산

① 비중량

$$\gamma(\text{비중량}, \ N/m^3) = \rho g$$

② 물의 비중량 = 9.807$[kN/m^3]$
③ 유체의 비중량$[N/m^3]$ = 물의 비중량$[N/m^3]$ × 유체의 비중

4. 비체적(Specific Volume)

(1) 정의

물질의 단위질량당 부피를 말하며, 열역학에서 사용된다.

(2) 비체적의 계산

$$\nu(\text{비체적}, \ m^3/kg) = \frac{V(\text{부피})}{m(\text{질량})} = \frac{1}{\rho(\text{밀도})}$$

수은의 비중이 14일 때 수은의 비체적$[m^3/kg]$은 얼마인가?

① $\dfrac{1}{14}$ ② $\dfrac{1}{14} \times 10^{-3}$ ③ 14   ④ 14×10^{-3}

정답 ②

해설 · 비중$(14) = \dfrac{\rho(\text{수은의 밀도})}{\rho_w(\text{물의 밀도})}$, $\rho(\text{수은의 밀도}) = 14 \times \rho_w(\text{물의 밀도})$, $\rho = 14 \times 1000[kg/m^3]$

    · 비체적$= \dfrac{1}{\rho(\text{수은의 밀도})} = \dfrac{1}{14 \times 1000} = \dfrac{1}{14} \times 10^{-3}$

5. 비중(Specific Gravity)

(1) 정의

어떤 물질의 밀도와 섭씨 4도 순수물의 밀도와의 비를 말하며, 단위가 없다.

(2) 비중의 계산

$$SG = \frac{\rho(\text{어떤 물질의 밀도})}{\rho_w(\text{물의 밀도})} = \frac{\gamma(\text{어떤 물질의 비중량})}{\gamma_w(\text{물의 비중량})}$$

비중이 0.7인 액체가 한 변이 $1[m]$인 정육면체의 반을 채울 때, 액체의 질량은?

① $0.7[kg]$ ② $7[kg]$ ③ $70[kg]$ ④ $700[kg]$

정답 ④

해설 비중$(0.7) = \dfrac{\rho(\text{액체의 밀도})}{\rho_w(\text{물의 밀도})} = \dfrac{\rho}{1000[kg/m^3]}$

      $\rho = 0.7 \times 1000 = 700[kg/m^3]$

      $\rho = \dfrac{m}{V}$, 액체의 질량 $m = \rho V = 700[kg/m^3] \times 1[m^3] = 700[kg]$

6. 뉴튼의 점성법칙

(1) 정의

두 평판 사이로 점성 있는 유체가 흐를 때, 흐름에 평행한 방향으로 생기는 전단응력은 흐름의 수직방향 유속의 속도기울기에 비례한다는 법칙이다.

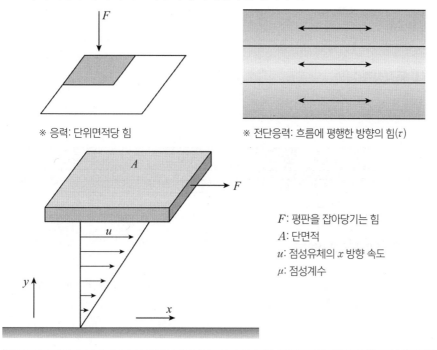

※ 응력: 단위면적당 힘

※ 전단응력: 흐름에 평행한 방향의 힘(τ)

F: 평판을 잡아당기는 힘
A: 단면적
u: 점성유체의 x 방향 속도
μ: 점성계수

$$\tau = \mu \frac{du}{dy}$$

▤ 시험문제 미리보기!

지름이 $10[cm]$인 실린더 속에 유체가 흐르고 있다. 벽면으로부터 가까운 곳에서 수직거리가 $u = y - y^2 [m/s]$로 표시된다면 벽면에서의 마찰전단응력은? (단, 유체의 점성계수는 $4.0 \times 10^{-2} [N \cdot s/m^2]$이다.)

① $2.0 \times 10^{-2} [Pa]$ ② $4.0 \times 10^{-2} [Pa]$

③ $4 [Pa]$ ④ $8 \times 10^{-2} [Pa]$

정답 ②

해설 $\tau = \mu \dfrac{du}{dy} = \mu \dfrac{d}{dy}(y - y^2) = \mu(1 - 2y)$, 벽면에서의 y는 0이므로,

$\quad \tau = \mu = 4.0 \times 10^{-2} [N/m^2 (Pa)]$

(2) 점성계수(μ)

① $\mu = \tau \dfrac{dy}{du}$

- τ의 단위: N/m^2
- u의 단위: m/s
- y의 단위: m

② μ의 단위: $\dfrac{N}{m^2} \cdot \dfrac{m}{1} \cdot \dfrac{s}{m} = N \cdot s/m^2$

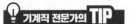

기계직 전문가의 TIP

$1[poise] = 100[cP]$
$= 0.1[N \cdot s/m^2]$

(3) 동점성계수(ν)

① $\nu = \dfrac{\mu}{\rho}$

② ν의 단위: m^2/s, $cm^2/s = stokes$

구분	MLT	FLT
MKS	$kg/m \cdot s = pa \cdot s$	$N \cdot s/m^2$
CGS	$g/cm \cdot s = poise$	$dyne \cdot s/m^2$

시험문제 미리보기!

어떤 유체의 점성계수가 $0.02[kg/m \cdot s]$, 밀도는 $400[kg/m^3]$이다. 이 유체의 동점성계수를 cm^2/s 단위로 구하면?

① 1   ② 0.5   ③ 0.03   ④ 0.002

정답 ②

해설 동점성계수 $\nu[m^2/s] = \dfrac{\mu[kg/m \cdot s]}{\rho[kg/m^3]} = \dfrac{0.02}{400} = 0.00005[m^2/s]$

$0.00005 \dfrac{m^2}{s} \times \dfrac{10000[cm^2]}{1[m^2]} = 0.5[cm^2/s]$

7. 체적탄성계수(K)

① 물질의 부피변화에 저항하는 정도를 나타내는 물리량으로 이 값이 클수록 물체의 부피를 변화시키기 어렵다.

② 압력의 변화량을 부피의 변화율로 나눈 값이다.

$$K = -\dfrac{\Delta P}{\dfrac{\Delta V}{V}} [N/m^2 = Pa]$$

③ 압력을 가할 때, 부피의 변화는 음의 값이므로 K는 양의 값을 가지게 된다.

체적탄성계수가 $1 \times 10^9 [Pa]$인 물의 체적을 $1[\%]$ 감소시키려는 경우 필요한 압력의 크기는?

① $10[MPa]$　　　② $20[MPa]$　　　③ $30[MPa]$　　　④ $40[MPa]$

정답　①

해설　체적탄성계수$(K) = -\dfrac{\Delta P}{\dfrac{\Delta V}{V}}$, $\Delta P = K \cdot \left(-\dfrac{\Delta V}{V} \right) = 1 \times 10^9 \times 0.01 = 10[MPa]$

8. 압축률(β)

물질에 힘을 가할 때 부피의 변화정도를 표현하는 물리량으로, 큰 값을 가지면 쉽게 변형된다는 것을 의미한다.

$$\beta = \frac{1}{K} = -\frac{\dfrac{\Delta V}{V}}{\Delta P}\,[m^2/N]$$

9. 표면장력(Surface tension)

표면에 있는 물분자는 안쪽 방향의 힘만을 받기 때문에 공 모양의 표면 형태를 갖추게 된다. 이때 표면적을 최소화하기 위해 안쪽으로 잡아당기는 힘을 표면장력이라고 한다.

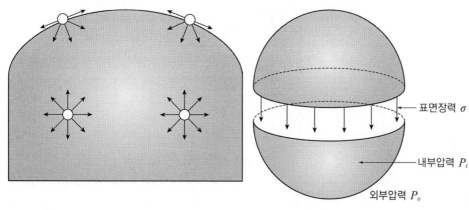

표면장력 σ

내부압력 P_i

외부압력 P_o

- 압력의 차이$(P_i - P_o) \times \pi r^2 = \sigma \times 2\pi \times r$
- 표면장력 $\sigma = \dfrac{(P_i - P_o)r}{2} = \dfrac{\Delta P D}{4}$

  (r: 버블의 반지름, D: 버블의 직경)

10. 모세관 현상(Capillary action)

(1) 정의

액체와 액체 사이의 응집력보다 액체와 표면 사이의 부착력이 더 클 때 액체가 가는 관을
타고 올라가는 현상이다.

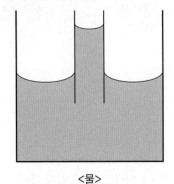

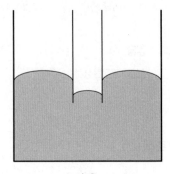

<물>

물 사이의 응집력 < 물과 관 사이의 부착력

<수은>

물 사이의 응집력 > 물과 관 사이의 부착력

(2) 액체의 상승높이(h)

표면장력의 중력방향 성분과 상승한 액체기둥의 중량이 같다는 식에 의해 다음과 같이
구할 수 있다.

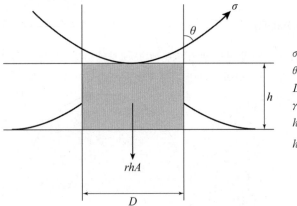

σ: 표면장력

θ: 접촉각

D: 관 직경

γ: 액체의 비중량

h: 액체의 상승높이

$h = \dfrac{4\sigma\cos\theta}{\gamma D}$

$$\sigma\cos\theta \cdot \pi D = \gamma h \cdot \frac{\pi D^2}{4}$$

수직유리관 속의 물기둥의 모세관 현상에 의한 높이 h가 $2[mm]$ 이하가 되도록 하기 위한 관의 최소직경은? (단, 물의 표면장력은 $0.098[N/m]$, 접촉각은 0, 물의 비중량(γ)은 $9800[N/m^3]$이다.)

① $10[mm]$　　　　② $20[mm]$　　　　③ $30[mm]$　　　　④ $40[mm]$

정답 ②

해설 $h = \dfrac{4\sigma\cos\theta}{\gamma D}$, $D = \dfrac{4\sigma\cos\theta}{\gamma h} = \dfrac{4 \times 0.098 \times \cos0}{9800 \times 0.002} = 0.02[m] = 20[mm]$

---

02 유체정역학　　　　　　출제빈도 ★★

1. 압력

(1) 정의

① 유체가 어떤 힘을 받을 때, 단위면적에 작용하는 힘의 크기 P를 말한다.

$$P = \frac{F}{A}[N/m^2 = Pa]$$

② 압력의 단위

- $N/m^2 = Pa$
- kN/m^2
- MN/m^2
- MPa
- kg_f/m^2
- kg_f/cm^2
- mAq
- mH_2O
- $mmAq$
- $mmHg$
- $cmHg$
- bar
- $mbar$
- psi
- …

(2) 표준대기압

① 표준대기압은 $1[atm]$이다.

② $1[atm] = 101325[Pa] = 101.325[kPa] = 0.101325[MPa]$
　　　　$= 760[mmHg] = 76[cmHg] = 0.76[mHg]$
　　　　$= 10332[mmAq] = 10.332[mAq]$
　　　　$= 1.013[bar] = 1013[mbar]$
　　　　$= 14.7[psi]$

(3) 정지 유체 속의 압력

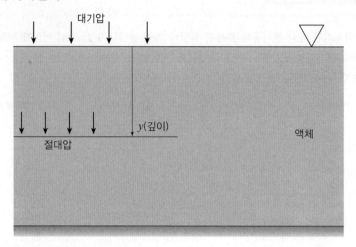

① 계기압: 유면으로부터 깊이 y의 압력

$$P = \rho g y = \gamma y$$

(y: 유면으로부터의 깊이, γ: 유체의 비중량)

② 절대압: 깊이 y에서의 계기압과 대기압을 더한 값

$$P = \rho g y + P_0 (대기압) = \gamma y + P_0$$

2. 파스칼의 원리

정지된 유체에 압력을 가하면 유체의 모든 부분에 모든 방향으로 같은 크기의 압력이 전달된다.

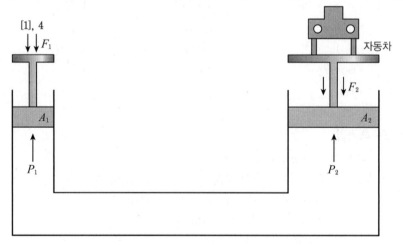

① $F_1 = P_1 A_1$, $P_1 = \dfrac{F_1}{A_1}$ → 압력 P_1과 압력 P_2는 서로 같다.

② $F_2 = P_2 A_2 = P_1 A_2 = \dfrac{F_1}{A_1} A_2$ → F_1이 작더라도 A_2가 크면 큰 힘을 얻을 수 있어 자동차를 들어 올릴 수 있다.

3. 액주계

(1) 피에조미터

용기 A의 압력이 대기압보다 크고 압력 차이가 크지 않을 경우 계기압 P_A는 다음과 같이 구할 수 있다.

$$P_A = \gamma y$$

(γ: 유체의 비중량)

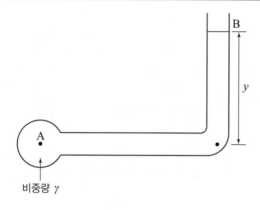

비중량 γ

(2) U자관 액주계

용기 A의 유체와 다른 종류의 유체를 사용하여 A, D 두 지점의 압력차(계기압)를 구한다.

$$P_A + \gamma_1 y_1 = P_B$$
$$P_B = P_C = P_A + \gamma_1 y_1$$
$$P_C = P_D + \gamma_2 y_2, \ P_D = P_C - \gamma_2 y_2 = P_A + \gamma_1 y_1 - \gamma_2 y_2$$

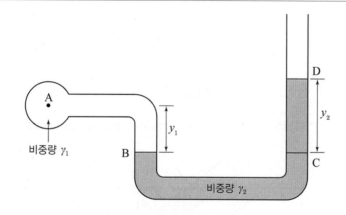

비중량 γ_1

비중량 γ_2

다음 액주계에서 A와 E의 압력 차이는 얼마인가? (단, A와 E에는 물이 들어 있고, 중간 액체의 비중은 5라고 가정한다.)

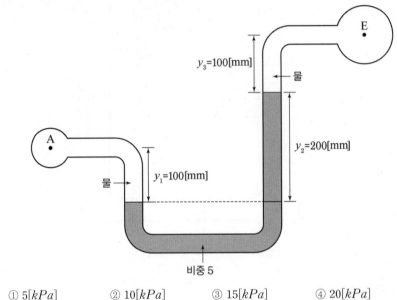

① $5[kPa]$ ② $10[kPa]$ ③ $15[kPa]$ ④ $20[kPa]$

정답 ②
해설 $P_E = P_A + \gamma_1 y_1 - \gamma_2 y_2 - \gamma_3 y_3$

$P_A - P_E = \gamma_2 y_2 + \gamma_3 y_3 - \gamma_1 y_1$

$\gamma_2 = S(비중) \cdot 물의\ 비중량 = 5 \times 10000[N/m^3] = 50000[N/m^3]$

$P_A - P_E = \gamma_2 y_2 + \gamma_3 y_3 - \gamma_1 y_1 = 50000 \times 0.2[mm] + 10000 \times 0.1[mm] - 10000 \times 0.1[mm]$
$= 10000[N/m^2] = 10[kPa]$

4. 경사면에 작용하는 유체의 힘(전압력)

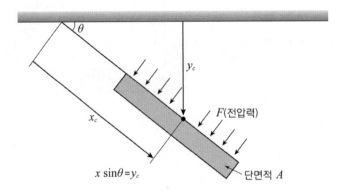

(1) 전압력

$$F = \rho g y_c A = \gamma y_c A$$

(ρ: 밀도, g: $9.8[m/s^2]$, y_c: 도심의 깊이, A: 판의 단면적, γ: 유체의 비중량)

(2) 작용점 찾기

전압력의 작용점은 도심이 아닌 도심보다 약간 아래쪽에 위치하며, 공식은 다음과 같다.

$$x_F = x_c + \frac{\frac{bh^3}{12}}{A x_c}$$

(x_c: 도심의 위치, b: 판의 너비, h: 판의 길이, A: 판의 넓이)

📋 시험문제 미리보기!

경사각 30도의 직사각형 판이 물속에 있을 때 받는 힘의 크기와 작용점을 순서대로 바르게 나열한 것은? (단, 물의 비중량은 $1000[N/m^3]$으로 가정한다.)

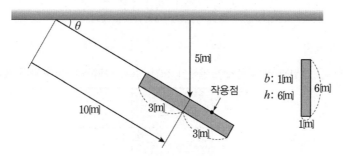

① $10[kN]$, $8.3[m]$ ② $20[kN]$, $9.3[m]$

③ $30[kN]$, $10.3[m]$ ④ $40[kN]$, $12.3[m]$

정답 ③

해설 • 전압력의 크기: $F = \gamma y_c A = 1000 \times 5 \times 1 \times 6[N] = 30000[N] = 30[kN]$

    • 작용점의 위치: $x_F = x_c + \dfrac{\frac{bh^3}{12}}{A x_c} = 10 + \dfrac{\frac{1 \times 6^3}{12}}{6 \times 10} = 10.3[m]$

5. 부력(Buoyancy)

(1) 정의

물체가 유체에 잠겼을 때 윗면과 아랫면의 압력의 차이로 위로 향하는 힘을 받는 것을 말한다.

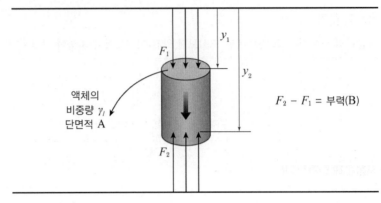

$F_2 - F_1 = $ 부력(B)

$$B(부력) = F_2 - F_1 = \gamma_l y_2 A - \gamma_l y_1 A = \gamma_l (y_2 - y_1) A$$

(γ_l: 액체의 비중량, A: 물체의 단면적)

(2) 부력의 계산

만약 다음 그림과 같이 물체의 일부가 잠긴 경우, 부력은 다음과 같이 계산된다.

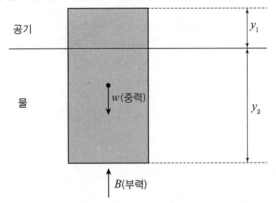

공기

물

w(중력)

B(부력)

$$B(부력) = F_2 = \gamma_l y_2 A$$
$$W(중력) = \gamma_B (y_2 + y_1) A$$
$$B(부력) = W(중력)$$
$$\gamma_l y_2 A = \gamma_B (y_2 + y_1) A$$
$$\gamma_l V_{잠긴\,부분} = \gamma_{물체} V_{전체}$$

(γ_l: 액체의 비중량, $\gamma_{물체}$: 물체의 비중량, A: 물체의 단면적)

📑 **시험문제 미리보기!**

무게가 $80[kN]$이고 가로, 세로, 높이가 각각 $2[m]$, $2[m]$, $3[m]$인 물체가 물 위에 떠 있을 때, 물에 잠긴 부분의 깊이는 얼마인가? (단, 물의 비중량은 $10000[N/m^3]$이다.)

① $1[m]$　　　　② $1.5[m]$　　　　③ $2[m]$　　　　④ $2.5[m]$

정답　③

해설　B(부력) $= W$(중력)

$\gamma_l y_2 A = 80000[N]$

$\gamma_l V_{잠긴\ 부분} = 80000[N]$

$10000 \times 2 \times 2 \times h = 80000$

$h = \dfrac{80000}{10000 \times 2 \times 2} = 2[m]$

(γ_l: 액체의 비중량, h: 잠긴 부분의 깊이)

6. 등가속도 운동을 하는 유체

① 수평방향 등가속도 운동을 할 때 수면이 수평과 이루는 각을 θ, 수평방향 등가속도를 a, 중력가속도를 g라고 할 때, 다음의 식이 성립한다.

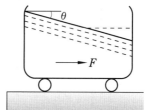

$$\tan\theta = \frac{a}{g}$$

② Ω로 등속회전운동을 하는 유체의 반경 r에서의 유체의 상승높이 h는 다음과 같다.

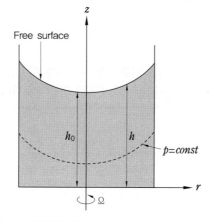

$$h = \frac{r^2 \Omega^2}{2g}$$

1. 유동상태

(1) 유체유동의 종류

① 정상류: 유체유동이 시간의 흐름에도 변화하지 않고 일정한 유동으로 압력, 온도, 밀도, 속도가 항상 일정하다.

② 비정상류: 시간의 흐름에 따라 유체의 압력, 온도, 밀도, 속도가 변할 수 있는 유동이다.

(2) 유동표현의 종류

① 유선(Stream line): 유체가 흐르면 각 점에 속도벡터가 존재하는데, 이 속도벡터의 접선을 그려 모두 연결한 곡선을 말한다.

② 유적선(Path line): 유체의 입자를 따라가면서 그린 선으로, 정상류에서는 유선과 일치하고 비정상류에서는 유선과 일치하지 않는다.

③ 유맥선(Streak line): 공간상의 특정 점을 지정하고 그곳을 지나간 유체입자들을 이은 선이며, 순간궤적을 말한다.

2. 연속방정식

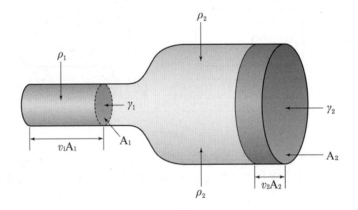

(1) 정의

정상류의 흐름에서 질량보존의 법칙에 의해 동일한 질량의 유체가 들어오고 나가야 하며, 1초 동안 들어오는 유량과 나가는 유량은 동일해야 한다. 이를 연속방정식이라고 한다.

(2) 종류

① 질량유량

$$\rho_1 A_1 v_1 = \rho_2 A_2 v_2$$

(ρ: 밀도, A: 단면적, v: 유속)

② 중량유량

$$\gamma_1 A_1 v_1 = \gamma_2 A_2 v_2$$

(γ: 비중량, A: 단면적, v: 유속)

③ 체적유량

$$A_1 v_1 = A_2 v_2$$

(A: 단면적, v: 유속)

📑 시험문제 미리보기!

정상류이고 밀도는 동일할 때, 단면 1과 단면 2의 비율이 $\dfrac{A_1}{A_2} = 0.4$라면 $\dfrac{v_1}{v_2}$의 비는 얼마인가?

① 1   ② 1.5   ③ 2   ④ 2.5

정답 ④

해설 $\rho_1 A_1 v_1 = \rho_2 A_2 v_2$

$\rho_1 = \rho_2$

$\dfrac{A_1}{A_2} = \dfrac{v_2}{v_1}$

$0.4 = \dfrac{v_2}{v_1}$

$\dfrac{v_1}{v_2} = \dfrac{1}{0.4} = 2.5$

3. 운동량 방정식

(1) 정의

① 운동량은 질량 곱하기 속도($m \cdot v$)의 물리량으로, 외력이 가해지지 않는 한 보존되어야 하고 외력이 가해지면 운동량의 변화가 생기며 다음과 같이 표현된다.

$$F = \rho Q(v_2 - v_1)$$

(ρ: 액체의 밀도, $Q = Av$, v_1: 유체의 처음속력, v_2: 유체의 나중속력)

② 펌프에서는 날개의 힘과 유체의 속력을 알아내기 위해 운동량 방정식이 필요하다.

(2) 고정된 평판에 작용하는 힘

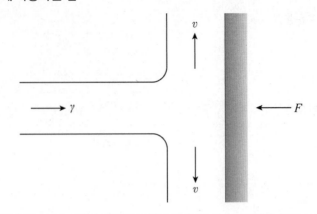

$$F = \rho Q(v_2 - v_1), \ -F = \rho Q(0 - v), \ F = \rho Qv = \rho Avv = \rho Av^2$$

(F: 평판에 가하는 힘, ρ: 유체의 밀도, Q: 유량, A: 노즐의 단면적, v: 유체의 속도)

4. 베르누이 방정식(Bernoulli's equation)

(1) 정의

유체가 동일한 유선을 흐를 때 에너지보존법칙을 유체의 위치, 압력, 속도의 식으로 표현한 것을 말하며, 정상상태, 비점성, 비압축 유체를 가정한다.

(2) 식

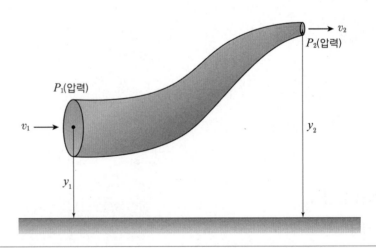

$$\frac{v_1^{\,2}}{2g} + \frac{P_1}{\gamma} + y_1 = \frac{v_2^{\,2}}{2g} + \frac{P_2}{\gamma} + y_2$$

(v_1, v_2: 속도, P_1, P_2: 압력, γ: 비중량, y_1, y_2: 높이)

높이가 동일한 원형관에서 유속이 $19.6[m/s^2]$에서 $9.8[m/s^2]$가 되었다면 압력수두의 차 $P_2 - P_1$은 얼마인가? (단, 액체의 비중량 $\gamma = 1[kN/m^3]$이다.)

① $12.2[kPa]$　　② $14.7[kPa]$　　③ $15.8[kPa]$　　④ $23.4[kPa]$

정답 ②

해설 $\dfrac{v_1^2}{2g} + \dfrac{P_1}{\gamma} + y_1 = \dfrac{v_2^2}{2g} + \dfrac{P_2}{\gamma} + y_2$, 높이는 동일하므로 $\dfrac{v_1^2}{2g} + \dfrac{P_1}{\gamma} = \dfrac{v_2^2}{2g} + \dfrac{P_2}{\gamma}$

$\dfrac{19.6^2}{2g} + \dfrac{P_1}{1} = \dfrac{9.8^2}{2g} + \dfrac{P_2}{1}$, $\dfrac{(2 \times 9.8)^2}{2g} + P_1 = \dfrac{9.8}{2} + P_2$, $2 \times 9.8 + P_1 = \dfrac{9.8}{2} + P_2$

$P_2 - P_1 = 2 \times 9.8 - \dfrac{9.8}{2} = 14.7[kPa]$

5. 유속측정과 유량측정

(1) 유속측정 장치

① 피토관: 흐르고 있는 유체 내에 넣어서 압력의 차이를 이용하여 유속을 측정하는 장치

② 열선속도계: 난류유동과 같은 빠른 유속을 측정하는 장치

③ 벤투리미터(Venturi meter): 유체를 좁은 관으로 흐르게 하여 유속을 측정하는 장치

(2) 유량측정 장치

① 위어(Weir): 개수로에서 일부 유동을 분기시켜 유량을 측정하는 장치

② 오리피스(Orifice): 유량을 측정할 때 사용하는 구멍이 뚫린 얇은 판

③ 로터미터(Rotameter): 유량에 따라 계측용 부자가 정지하는 위치가 달라지는 성질을 이용하여 유량을 측정하는 장치

기계직 전문가의 TIP

개수로 유량측정 장치

예봉위어, 광봉위어는 대유량 측정용, 사각위어는 중간유량 측정용, 삼각위어는 소유량 측정용입니다.

6. 층류유동

(1) 레이놀즈수(Reynold's number)

흐르는 유체의 관성에 의한 힘과 점성에 의한 힘의 비를 말하며, 유체동역학 상사법칙의 중요한 기준이 된다.

$$Re = \frac{\text{관성력}}{\text{점성력}} = \frac{\rho V D}{\mu} = \frac{V D}{\nu}$$

(ρ: 밀도, V: 유속, D: 관직경, μ: 점성계수, ν: 동점성계수)

📋 시험문제 미리보기!

원형관을 흐르는 유체의 유속은 $10[m/s]$, 동점성계수는 $1.0 \times 10^{-6}[m^2/s]$, 관의 직경은 $10[cm]$일 때, 레이놀즈수는?

① 5×10^4 ② 1×10^5 ③ 2×10^5 ④ 1×10^6

정답 ④

해설 $Re = \dfrac{VD}{\nu} = \dfrac{10 \times 0.1}{1 \times 10^{-6}} = \dfrac{10 \times 10^{-1}}{1 \times 10^{-6}} = 1 \times 10^6$

(2) 흐름의 종류

① 층류(Laminar flow): 유체가 흐트러지지 않고 균일하게 흐르는 유동으로, 레이놀즈수 2100 이하일 때이다.

② 천이류(Transition flow): 층류인 유동이 갑자기 교란되어져 난류가 되는 유동으로, 레이놀즈수 2100에서 4000 사이일 때이다.

③ 난류(Turbulent flow): 유체의 층이 평행하게 흐르지 않고 임의로 마구 뒤섞이는 유동으로, 레이놀즈수 4000 이상일 때이다.

(3) 평판 층류유동 마찰손실

① 압력손실

$$\Delta p = \frac{b h^3 Q}{12 \mu l}$$

(b: 평판의 폭, h: 평판과 평판 사이의 간격, Q: 유량, μ: 마찰계수, l: 평판길이)

② 최대유속

최대유속 $= 1.5 \times$ 평균유속

(4) 관유동 마찰손실

① 관마찰계수(Friction factor)

마찰의 정도를 표현한 값으로 레이놀즈수 2100 이하의 층류에서는 $f = \dfrac{64}{Re}$ 를 사용한다. 천이영역과 난류에서는 레이놀즈수와 상대조도에 의해 결정된다.

② 배관의 마찰손실

- 달시–바이스바하 방정식(Darcy–Weisbach equation): 일정한 길이의 직관에 유체가 흐를 때 마찰로 인한 압력이나 수두손실을 유속과의 관계로 나타낸 식으로, 층류와 난류에 모두 사용할 수 있다.

$$H = f \frac{l}{D} \frac{V^2}{2g}$$

(H: 마찰손실수두, f: 관마찰계수, l: 직관의 길이, D: 직관의 직경, V: 유속, g: 중력가속도)

- 하겐–포아젤 방정식(Hagen–Poiseuille equation): 비압축성이고 층류인 정상상태의 유동에서의 압력손실과 마찰손실수두를 표현한다.

- 압력손실(ΔP) $= \dfrac{128\mu l Q}{\pi D^4}$
- 마찰손실수두(H) $= \dfrac{128\mu l Q}{\gamma \pi D^4}$

(μ: 점성계수, l: 배관의 길이, Q: 유량, D: 배관의 직경, γ: 비중량)

③ 비원형관의 손실

- 수력반경: 비원형 단면을 원형 단면으로 환산하기 위해 수력반경 R_h를 사용한다.

$$R_h = \frac{접수면적}{접수길이} = \frac{A}{P}$$

예 직사각형 단면의 폭이 b, 높이가 h일 때 $A = bh$, $P = 2b + 2h = 2(b+h)$이므로 수력반경 $R_h = \dfrac{A}{P} = \dfrac{bh}{2(b+h)}$

- 수력직경: 수력반경을 수력직경으로 환산한다.

$$R_h = \frac{A}{P} = \frac{\frac{\pi}{4}D_h^{\,2}}{\pi D_h} = \frac{1}{4}D_h$$

$$\therefore \; D_h = 4R_h$$

- 비원형관에서의 달시–바이스바하 방정식

$$H(마찰손실수두) = f \frac{l}{D_h} \cdot \frac{v^2}{2g} = f \frac{l}{4R_h} \cdot \frac{v^2}{2g}$$

기계직 전문가의 TIP

난류에서의 관마찰계수는

$f = \dfrac{0.3164}{Re^{\frac{1}{4}}}$ 입니다.

기계직 전문가의 TIP

달시–바이스바하 방정식에서 f는

패닝의 마찰계수 $\dfrac{16}{Re}$ 을 사용합니다.

> 한 변의 길이가 L인 정사각형 단면의 수력직경(D_h)은 얼마인가?
>
> ① L ② $1.5L$ ③ $2L$ ④ $3L$
>
> 정답 ①
> 해설 수력반경(R_h) $= \dfrac{A}{P} = \dfrac{L^2}{(L+L) \times 2} = \dfrac{L^2}{4L} = \dfrac{L}{4}$
>
>   수력직경(D_h) $= 4R_h = 4 \times \dfrac{L}{4} = L$

04 차원해석과 상사법칙   출제빈도 ★★

1. 차원해석

① 변수가 많은 문제를 풀 때 각 항의 차원은 같아야 하며 이를 이용하여 무차원수를 만들어 이들 간의 함수 관계를 찾아낼 수 있다.

② 무차원수 종류

구분	의미
레이놀즈수(Re)	관성력/점성력
프루드수(Fr)	관성력/중력
코시수(C)	관성력/탄성력
웨버수(We)	관성력/표면장력
오일러수(Eu)	압축력/관성력
압력계수(Cp)	정압/동압
마하수(M)	유속/음속
프란틀수(Pr)	점성력/열확산력
스트라홀수(St)	진동/평균속도
푸리에수(F)	열전도/열저장
그라쇼프수(Gr)	부력/점성력

2. 상사법칙

(1) 기하학적 상사

실물과 모형은 기하학적 비율이 일정해야 한다.

(2) 운동학적 상사

운동학적(속도, 가속도 등)으로 상사한 운동을 해야 한다.

(3) 역학적 상사

역학적으로 상사한 운동을 해야 하므로 다음의 무차원수가 같아야 한다.

① 레이놀즈수

$$\frac{V_1 L_1}{\nu_1} = \frac{V_2 L_2}{\nu_2}$$

(ν_1, ν_2: 동점성계수, V_1, V_2: 유속, L_1, L_2: 물체의 길이)

② 프루드수

$$\frac{V_1}{\sqrt{g L_1}} = \frac{V_2}{\sqrt{g L_2}}$$

(g: 중력가속도, V_1, V_2: 유속, L_1, L_2: 물체의 길이)

③ 오일러수

$$\frac{\rho_1 V_1^{\,2}}{\Delta p_1} = \frac{\rho_2 V_2^{\,2}}{\Delta p_2}$$

(ρ_1, ρ_2: 밀도, V_1, V_2: 유속, Δp_1, Δp_2: 압력 차이)

📋 시험문제 미리보기!

속도가 $40[m/s]$이고, 길이가 $64[m]$인 배를 길이가 $1[m]$인 모형을 이용하여 실험하려고 한다. 모형의 속도는 얼마로 하여야 하는가?

① $4[m/s]$ ② $5[m/s]$ ③ $6[m/s]$ ④ $7[m/s]$

정답 ②

해설 $Fr_1 = Fr_2$, $\dfrac{V_1}{\sqrt{g L_1}} = \dfrac{V_2}{\sqrt{g L_2}}$, $\dfrac{40}{\sqrt{g \times 64}} = \dfrac{V_2}{\sqrt{g \times 1}}$

$\therefore V_2 = 5[m/s]$

출제빈도: ★★★ 대표출제기업: 한국동서발전, 한국중부발전, 인천교통공사

01 다음 중 동점성계수의 차원표시는?

① FTL^{-2}

② ML^{-3}

③ LT^{-1}

④ L^2T^{-1}

출제빈도: ★★☆ 대표출제기업: 한국지역난방공사, 한국중부발전, 한국가스공사

02 비중이 0.5인 유체의 비중량은 얼마인가?

① $1225[N/m^3]$

② $2450[N/m^3]$

③ $4900[N/m^3]$

④ $19600[N/m^3]$

출제빈도: ★★★ 대표출제기업: 한국남부발전, 한국동서발전, 한전KPS, 한국가스공사

03 두 평행평판 사이의 간격은 $10[mm]$이고, 점성계수가 $5[Pa \cdot s]$인 유체가 채워져 있다. 윗판이 $7[m/s]$로 움직일 때, 유체에 발생하는 전단응력은?

① $3.5[kPa]$

② $4[kPa]$

③ $4.5[kPa]$

④ $5[kPa]$

출제빈도: ★☆☆ 대표출제기업: 한국수력원자력

04 체적탄성계수가 $5 \times 10^8[Pa]$인 유체의 압력이 $100[MPa]$만큼 증가할 때, 부피의 변화율은?

① 10[%] 감소

② 20[%] 감소

③ 30[%] 감소

④ 40[%] 감소

출제빈도: ★★☆ 대표출제기업: 한국남부발전, 한국지역난방공사, 한국에너지공단

05 직경 40[mm]의 수직유리관 속의 물이 모세관 현상에 의해 올라가는 높이는 얼마인가? (단, 물의 표면장력은 0.098[N/m], 접촉각은 0, 물의 비중량은 9800[N/m^3]이다.)

① 0.2[mm]　　　　② 0.5[mm]　　　　③ 1[mm]　　　　④ 2[mm]

출제빈도: ★★★ 대표출제기업: 한국에너지공단, 한국가스안전공사, 인천도시공사

06 대기압이 760[$mmHg$]이고 계기압이 2.0265[bar]일 때, 절대압은?

① 3280[$mmHg$]　　　　② 40.996[mAq]　　　　③ 503975[Pa]　　　　④ 44.088[psi]

정답 및 해설

01 ④
동점성계수 = $m^2/s = L^2T^{-1}$

02 ③
유체의 비중량 = 물의 비중량[N/m^3] × 유체의 비중 = 9800 × 0.5
= 4900[N/m^3]

03 ①
$\tau = \mu\dfrac{du}{dy} = 5 \times \dfrac{7}{0.01} = 5 \times 700 = 3500[Pa] = 3.5[kPa]$

04 ②
$K = -\dfrac{\Delta P}{\dfrac{\Delta V}{V}}, \dfrac{\Delta V}{V} = -\dfrac{\Delta P}{K} = -\dfrac{100 \times 10^6}{5 \times 10^8} = -\dfrac{1}{5} = -0.2$이므로 20[%]
감소한다.

05 ③
$h = \dfrac{4\sigma\cos\theta}{\gamma D} = \dfrac{4 \times 0.098 \times \cos 0}{9800 \times 0.04} = \dfrac{0.098}{98} = 0.001[m] = 1[mm]$

06 ④
대기압 + 계기압 = 절대압,
$760[mmHg] + 1520[mmHg](2.0265[bar]) = 2280[mmHg]$
$= 30.996[mAq] = 3.03975[bar] = 303975[Pa] = 44.088[psi]$

출제빈도: ★★★ 대표출제기업: 한국동서발전, 인천교통공사, 서울주택도시공사

07 다음 그림의 왼쪽 피스톤에 100[N]의 힘을 가하면 오른쪽 피스톤에는 얼마의 힘이 가해지게 되는가? (단, $A_1 = 0.01[m^2]$, $A_2 = 0.1[m^2]$이다.)

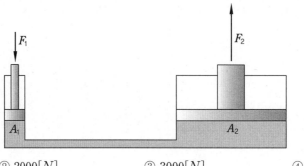

① 1000[N]　　　② 2000[N]　　　③ 3000[N]　　　④ 4000[N]

출제빈도: ★★★ 대표출제기업: 한국수력원자력, 인천교통공사, 한국가스공사

08 다음 마노미터의 $P_A - P_B$의 올바른 식은? (단, 액체의 비중량은 왼쪽부터 γ_1, γ_2, γ_3이다.)

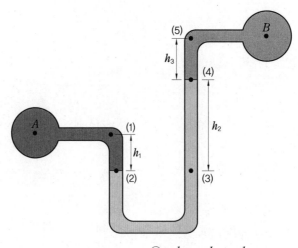

① $\gamma_2 h_2 - \gamma_1 h_1 - \gamma_3 h_3$　　　　　　　　② $\gamma_3 h_3 - \gamma_2 h_2 + \gamma_1 h_1$

③ $\gamma_1 h_1 + \gamma_2 h_2 - \gamma_3 h_3$　　　　　　　　④ $\gamma_3 h_3 + \gamma_2 h_2 - \gamma_1 h_1$

출제빈도: ★★☆ 대표출제기업: 한국수력원자력

09 폭 2[m], 높이 4[m]의 수문이 물에 잠겨 있을 때, 힘의 작용점의 위치는 수면으로부터 얼마만큼 떨어져 있는가?
(단, 도심의 위치는 2이다.)

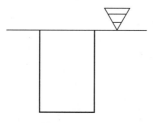

① 2[m]　　　　　　② 2.667[m]　　　　　　③ 3[m]　　　　　　④ 3.46[m]

정답 및 해설

07 ①

$$\frac{F_1}{A_1} = \frac{F_2}{A_2} \quad F_2 = F_1\frac{A_2}{A_1} = 100 \times \frac{0.1}{0.01} = 1000[N]$$

08 ④

$$P_2 = P_A + \gamma_1 h_1,\ P_2 = P_3,\ P_3 = P_4 + \gamma_2 h_2$$
$$P_4 = P_B + \gamma_3 h_3,\ P_A = P_3 - \gamma_1 h_1 = P_4 + \gamma_2 h_2 - \gamma_1 h_1$$
$$P_A = P_4 + \gamma_2 h_2 - \gamma_1 h_1 = P_B + \gamma_3 h_3 + \gamma_2 h_2 - \gamma_1 h_1$$
$$\therefore P_A - P_B = \gamma_3 h_3 + \gamma_2 h_2 - \gamma_1 h_1$$

09 ②

$$x_F = x_c + \frac{\frac{bh^3}{12}}{Ax_c} = 2 + \frac{\frac{2 \times 4^3}{12}}{2 \times 4 \times 2} = 2 + 0.667 = 2.667[m]$$

10 공기 중에서의 무게가 600[N]인 물체가 비중량이 900[N/m^3]인 유체 속에 잠겼을 때 무게가 300[N]이라면 이 물체의 부피는 얼마인가?

① $\frac{1}{3}[m^3]$　　　　　② $\frac{1}{2}[m^3]$　　　　　③ $1[m^3]$　　　　　④ $2[m^3]$

11 다음 중 주어진 시간 동안 유체입자가 지나가는 자취를 뜻하는 선은?

① 유선　　　　　② 유관　　　　　③ 유적선　　　　　④ 유맥선

12 정상류에서 단면 2는 단면 1의 4배가 되었다. 단면 2의 유속은 단면 1의 유속의 몇 배가 되는가?

① 0.25배　　　　　② 0.5배　　　　　③ 2배　　　　　④ 4배

13 다음 중 분무기에 적용되는 원리는?

① 파스칼의 원리　　　　　② 아르키메데스의 원리
③ 베르누이의 법칙　　　　　④ 마그누스 효과

출제빈도: ★★☆ 대표출제기업: 한국남부발전, 한국중부발전, 한국지역난방공사

14 달시-바이스바하 방정식에 의하면 유속이 2배가 되면 마찰손실수두는 몇 배가 되는가?

① 0.25배 ② 0.5배 ③ 2배 ④ 4배

정답 및 해설

10 ①

$600[N] = 300[N] + 부력, 부력 = 300[N]$

$부피 = \dfrac{부력}{비중량} = \dfrac{300}{900} = \dfrac{1}{3}[m^3]$

11 ③

오답노트
① 유선: 유체입자의 속도벡터의 접선을 이은 선
② 유관: 여러 개의 유선으로 둘러싸인 공간
④ 유맥선: 어떤 특정한 점을 지나간 유체입자들을 이은 선

12 ①

$A_1 v_1 = A_2 v_2,\ v_2 = v_1 \dfrac{A_1}{A_2} = v_1 \times \dfrac{1}{4} = 0.25 v_1$, 즉 0.25배가 된다.

13 ③

분무기에는 속도가 증가하면 압력이 감소하는 베르누이의 법칙이 적용된다.

오답노트
① 파스칼의 원리: 압력이 동일하면 단면적을 변화시켜 작용하는 힘의 크기를 변화시킬 수 있다는 원리
② 아르키메데스의 원리: 유체에 잠긴 물체는 잠긴 부피만큼의 유체무게와 동일한 부력을 받는다는 원리
④ 마그누스 효과: 물체가 회전하면서 전진할 때 전진방향에 수직한 힘을 받는 효과

14 ④

$H(마찰손실수두) = f \dfrac{l}{D} \dfrac{V^2}{2g}$ 으로 $2V$ 가 되면 H 는 4배가 된다.

더 알아보기
층류에서의 마찰손실수두를 나타내는 하겐-포아젤 방정식(Hagen-Poiseuille equation)은 다음과 같다.

$H(마찰손실수두) = \dfrac{128 \mu l Q}{\gamma \pi D^4}$

(γ: 비중량, D: 배관의 직경, μ: 점성계수, l: 배관의 길이, Q: 유량)

제4장 \ 유체역학

해커스공기업 쉽게 끝내는 기계직 기본서

출제빈도: ★☆☆ 대표출제기업: 부산교통공사, 한국가스안전공사

15 물이 폭 30[cm], 높이 20[cm]의 사각형 관을 채워서 흐를 때, 수력반경은?

① 4[cm] ② 5[cm] ③ 6[cm] ④ 7[cm]

출제빈도: ★★☆ 대표출제기업: 한국중부발전, 한국토지주택공사

16 실제 잠수함 크기의 $\frac{1}{50}$ 크기의 모형 잠수함을 만들었을 때, 모형의 속도는 얼마로 해야 하는가? (단, 실제 잠수함의 속도는 1[m/s]이다.)

① 50[m/s] ② 100[m/s] ③ 150[m/s] ④ 200[m/s]

출제빈도: ★★☆ 대표출제기업: 한국동서발전, 한국중부발전

17 다음 중 유속측정 장치에 해당하는 것은?

① 노즐 ② 피토관 ③ 오리피스 ④ 로터미터

출제빈도: ★★☆ 대표출제기업: 한국남부발전, 한국중부발전

18 유속이 2[m/s], 길이가 30[m], 관직경이 40[cm], 관마찰계수가 0.05일 때 마찰손실수두는 얼마인가? (단, g = 10[m/s^2]으로 가정한다.)

① 0.2   ② 0.35   ③ 0.5   ④ 0.75

출제빈도: ★☆☆ 대표출제기업: 한국수력원자력, 한국중부발전

19 다음 중 관성력과 표면장력의 비를 나타내는 무차원수는?

① 웨버수   ② 레이놀즈수   ③ 프루드수   ④ 마하수

정답 및 해설

15 ③

$$R_h = \frac{A}{P} = \frac{30 \times 20}{30 \times 2 + 20 \times 2} = 6[cm]$$

16 ①

$$Re_1 = Re_2, \ \frac{V_1 L_1}{\nu} = \frac{V_2 L_2}{\nu}, \ V_2 = V_1 \frac{L_1}{L_2} = 50[m/s]$$

17 ②

오답노트

①, ③, ④ 노즐, 오리피스, 로터미터는 유량측정 장치이다.

더 알아보기
- 마노미터: 압력 차이를 구한다.
- 피토관: 액체의 높이 차를 이용하여 유속을 측정한다.

- 오리피스: 작은 지름의 관에 유체가 흐르도록 하여 소량의 유량을 측정한다.
- 벤투리미터: 관의 단면적을 변화시켜 압력변화를 구하여 유량을 측정한다.
- 위어: 개수로의 유량을 측정한다.

18 ④

$$H(마찰손실수두) = f \frac{L}{D} \frac{V^2}{2g} = 0.05 \times \frac{30}{0.4} \times \frac{2^2}{2 \times 10} = 0.75$$

19 ①

오답노트
② 레이놀즈수: 관성력과 점성력의 비
③ 프루드수: 관성력과 중력의 비
④ 마하수: 유속과 음속의 비

제5장 열역학 및 열전달

학습목표

1. 열역학법칙과 열전달의 기본 개념을 이해한다.
2. 증기동력 사이클과 기체사이클의 출제유형을 파악한다.
3. 냉동사이클 및 열펌프의 원리를 이해한다.
4. 열역학 계산 공식을 확실하게 암기한다.

대표출제기업

2021년~2022년 상반기 필기시험 기준으로 한국철도공사, 한국남동발전, 서울교통공사, 한국서부발전, 한국동서발전, 한국수력원자력, 한국수자원공사, 한국중부발전, 한국토지주택공사, 한국도로공사, 한국농어촌공사, 부산교통공사, 한국에너지공단, 한국지역난방공사, 한전KPS, 한국가스안전공사, 한국가스공사, 대구도시철도공사, 서울주택도시공사 등의 기업에서 출제하고 있다.

■ 출제비중

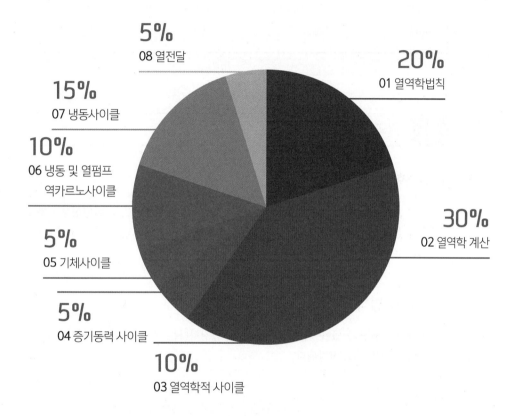

5%
08 열전달

15%
07 냉동사이클

10%
06 냉동 및 열펌프
역카르노사이클

5%
05 기체사이클

5%
04 증기동력 사이클

10%
03 열역학적 사이클

20%
01 열역학법칙

30%
02 열역학 계산

제5장 | 열역학 및 열전달

01 열역학법칙
출제빈도 ★★

1. 열역학0법칙

물체 A와 물체 C가 열적평형상태에 있고, 물체 B와 물체 C가 열적평형상태에 있으면, 물체 A와 물체 B가 열적평형상태에 있다. 열적평형상태에 있으면 동일 온도라고 할 수 있으며, 이는 온도계의 기본 원리이다.

2. 열역학1법칙

외부와의 교류가 없을 때 에너지 총합은 일정하다는 에너지보존법칙을 말하며 내부에너지, 열량과 일은 서로 전환된다.

$$\Delta U = Q - W$$

(U: 내부에너지 변화, Q: 계에 가해진 열량, W: 계가 한 일의 양)

3. 열역학2법칙

자연현상은 엔트로피가 증가하는 방향으로 진행되며 방향성이 존재한다는 법칙이다. 대표적인 예를 들면 다음과 같다.
① 열을 100[%] 일로 전환할 수 없다.
② 열이 저절로 저온에서 고온으로 옮겨지지 않는다.
③ 자발적인 자연현상은 비가역적이다(다시 되돌릴 수 없다).
④ 흩어진 연기를 다시 모을 수 없다.

4. 열역학3법칙

절대온도 0도(−273[℃])에서 계의 엔트로피는 0이 된다. 실제로 절대온도 0도에 도달할 수 없고, 0도 이하의 온도는 불가능하다.

▤l 시험문제 미리보기!

다음 중 열평형에 관한 법칙은?

① 열역학0법칙　　② 열역학1법칙　　③ 열역학2법칙　　④ 열역학3법칙

정답 ①

해설 서로 다른 온도의 두 물체가 접촉하면 서로 열량을 주고받아 평형온도에 도달한다는 법칙은 열역학 0법칙이다.

오답노트
② 열역학1법칙은 에너지보존법칙이다.
③ 열역학2법칙은 열역학적 현상의 방향성에 관한 법칙이다.
④ 열역학3법칙은 절대온도 0도 불가능의 법칙이다.

02 열역학 계산　　　　　　출제빈도 ★★★

1. 엔탈피와 엔트로피

(1) 엔탈피(Enthalpy)

어떤 물질이 특정 온도와 압력에서 가지는 고유한 에너지로, 그 계의 내부에너지와, 압력과 부피의 곱의 합이다.

$$H = U + PV$$

(H: 엔탈피$[kJ]$, U: 내부에너지$[kJ]$, P: 압력$[kPa]$, V: 부피$[m^3]$)

(2) 엔트로피(Entropy)

① 무질서도를 나타내는 물리량으로, 주어진 열이 일로 전환될 수 있는 가능성을 나타내기도 한다.

② 가역단열과정에서는 엔트로피 변화 $\Delta S = 0$, 비가역 단열과정에서는 $\Delta S = \dfrac{\Delta Q}{T}$ (ΔS: 엔트로피$[kJ/K]$, ΔQ: 열량$[kJ]$, T: 절대온도$[K]$)로 표현되고 ΔS는 증가한다.

- 이상기체의 엔트로피 변화: $C_v ln \dfrac{T_2}{T_1} + R ln \dfrac{V_2}{V_1} = C_P ln \dfrac{T_2}{T_1} - R ln \dfrac{P_2}{P_1}$

$= C_P ln \dfrac{V_2}{V_1} + C_v ln \dfrac{P_2}{P_1}$

(C_v: 정압비열, C_P: 정적비열, T: 온도, P: 압력, V: 부피)
- 단열변화: 등엔트로피 $s_1 = s_2$

🔔 기계직 전문가의 TIP

교축과정
유체가 팽창밸브나 오리피스를 통과할 때 유체는 단열과정에서 일과 열의 교환 없이 압력만 강하하는 현상을 말합니다. ($h_1 = h_2$, $P_1 > P_2$)

2. 현열, 잠열, 비열

(1) 현열

상변화 없이 온도변화에만 사용되는 열량을 말한다.

$$Q = cm\Delta T$$

$(c$: 비열$[kJ/kg \cdot K]$, m: 질량$[kg]$, ΔT: 온도변화$[K])$

💡 **기계직 전문가의 TIP**

• 물의 융해잠열: 80$[kcal/kg]$, 335$[kJ/kg]$
• 물의 증발잠열: 539$[kcal/kg]$, 2256$[kJ/kg]$

(2) 잠열

온도변화 없이 상변화에만 필요한 열량을 말한다.

$$Q = Lm$$

$(Q$: 잠열$[kJ]$, L: 잠열$[kJ/kg]$, m: 질량$[kg])$

(3) 비열

어떤 물질 1$[g]$의 온도를 1$[℃]$ 올리는 데 필요한 열량을 말한다.
① 정압비열(C_p): 압력을 일정하게 유지할 때의 비열
② 정적비열(C_v): 부피를 일정하게 유지할 때의 비열
③ 비열비(k): 정압비열과 정적비열의 비$\left(\dfrac{C_p}{C_v}\right)$
④ 특별기체상수$(\overline{R})$: 정압비열과 정적비열의 차$\left(\overline{R} = C_p - C_v = \dfrac{R(\text{일반기체상수})}{M(\text{분자량})}\right)$

📋 **시험문제 미리보기!**

질량 5$[kg]$, 온도 100$[℃]$의 쇠공을 물에 담갔더니 20$[℃]$가 되면서 4000$[J]$의 열량을 잃었다. 쇠공의 비열은?

① 10$[J/kg \cdot ℃]$　　② 20$[J/kg \cdot ℃]$　　③ 30$[J/kg \cdot ℃]$　　④ 40$[J/kg \cdot ℃]$

정답 ①

해설 $Q = cm\Delta T$, $c = \dfrac{Q}{m\Delta T} = \dfrac{4000}{5 \times (100 - 20)} = \dfrac{4000}{400} = 10[J/kg \cdot ℃]$

3. 기체방정식

(1) 보일의 법칙(Boyle's law)

이상기체의 온도가 일정하면 기체의 부피와 압력은 반비례한다는 법칙이다.

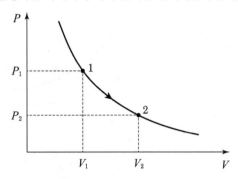

$$P_1 V_1 = P_2 V_2$$

(P_1, P_2: 기체의 압력, V_1, V_2: 기체의 부피)

(2) 샤를의 법칙(Charles's law)

이상기체의 압력이 일정하면 기체의 온도와 부피는 비례한다는 법칙이다.

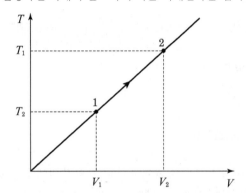

$$\frac{V_1}{T_1} = \frac{V_2}{T_2}$$

(V_1, V_2: 기체의 부피, T_1, T_2: 기체의 온도)

(3) 보일-샤를의 법칙(Boyle-Charles's law)

이상기체의 부피는 압력과는 반비례하고, 온도와는 비례한다는 법칙이다.

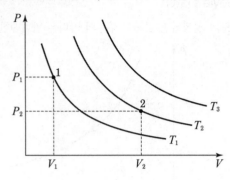

$$\frac{P_1 V_1}{T_1} = \frac{P_2 V_2}{T_2}$$

(4) 이상기체 상태방정식(Ideal gas law)

이상기체의 상태와 양을 나타내는 방정식으로 일반기체상수(R)를 사용하는 식과 특별기체상수($\overline{R}$)를 사용하는 식이 존재한다.

- $PV = nRT$

  (P: 압력[Pa], V: 체적[m^3], n: 몰수$\left[\dfrac{W(기체질량)}{M(기체분자량)}\right]$, R: 일반기체상수($8.314[J/mol \cdot K]$), T: 절대온도[K])

- $PV = W\overline{R}T$

  (P: 압력[Pa], V: 체적[m^3], W: 기체질량[kg], $\overline{R}$: 특별기체상수($287[J/kg \cdot K]$), T: 절대온도[K])

▤▎ 시험문제 미리보기!

공기 $5[kg]$이 온도 $27[℃]$, 부피 $0.1[m^3]$의 용기 안에 들어 있을 때의 공기의 압력은?
(단, 공기의 특별기체상수는 $300[J/kg \cdot K]$라고 가정한다.)

① $4.5[MPa]$　　　② $5[MPa]$　　　③ $5.5[MPa]$　　　④ $6[MPa]$

정답　①
해설　$PV = W\overline{R}T$

$P = \dfrac{W\overline{R}T}{V} = \dfrac{5 \times 300 \times 300}{0.1} = 4500000 = 4.5[MPa]$

(5) 폴리트로픽 변화

이상기체가 아닌 실제기체의 압력과 부피는 $PV^n = C$(일정)에 의한 변화를 한다. n의 값에 따라 4가지의 상태변화를 한다.

지수 n	상태변화	• 단열팽창 $n = k$
0	등압변화	$\dfrac{T_2}{T_1} = \left(\dfrac{V_1}{V_2}\right)^{k-1} = \left(\dfrac{P_2}{P_1}\right)^{\frac{k-1}{k}}$
1	등온변화	(T_1, T_2: 온도, V_1, V_2: 압력, P_1, P_2: 압력, k: 비열비)
k	단열변화	• 폴리트로픽 과정에서 계가 한 일의 양
∞	등적변화	$\dfrac{1}{n-1}(P_1V_1 - P_2V_2) = \dfrac{mR}{n-1}(T_1 - T_2)$

▤ 시험문제 미리보기!

$300[K]$, 1기압의 공기가 2기압까지 단열압축되었을 때의 온도는 얼마인가? (단, 공기의 k는 1.4이다.)

① $323.7[K]$ ② $346.3[K]$ ③ $365.7[K]$ ④ $410.3[K]$

정답 ③

해설 단열팽창 $n = k$

$$\frac{T_2}{T_1} = \left(\frac{P_2}{P_1}\right)^{\frac{k-1}{k}}$$

$$T_2 = T_1\left(\frac{P_2}{P_1}\right)^{\frac{k-1}{k}} = 300\left(\frac{2}{1}\right)^{\frac{1.4-1}{1.4}} = 300(2)^{\frac{0.4}{1.4}} = 365.7[K]$$

(6) 등온과정에서의 일

$$Q = W = RT\,ln = \frac{V_2}{V_1} = RT\,ln\frac{P_1}{P_2} = P_1V_1\,ln\frac{V_2}{V_1} = P_1V_1\,ln\frac{P_1}{P_2}$$

1. 카르노사이클(Carnot cycle)

(1) 정의

2개의 가역단열과정과 2개의 가역등온과정으로 이루어진 이상적인 열기관의 사이클이다. 효율이 가장 높은 가상적인 기관이어서 실제 존재하는 모든 기관의 효율은 카르노사이클보다 작게 된다.

(2) 과정

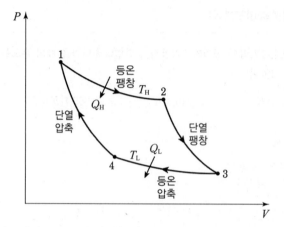

① 등온팽창(1-2): 기체는 고온의 열원(T_H)으로부터 Q_H의 열량을 흡수하고 부피가 팽창하면서 주변에 일을 하면서 2번 상태에 도달한다.
② 단열팽창(2-3): 기체는 단열팽창하며 온도가 T_H에서 T_L로 낮아진다. 내부에너지를 이용하여 계속해서 외부에 일을 한다.
③ 등온압축(3-4): 외부로부터 일을 받으며 등온압축된다. 열량 Q_L을 외부로 방출한다.
④ 단열압축(4-1): 계속해서 외부에서 일을 받으면서 압축된다. 열의 출입은 없으며 온도는 T_L에서 T_H로 증가하고 받은 일은 모두 내부에너지 증가로 변한다.

(3) 열효율

$$\eta_c = \frac{Q_H - Q_L}{Q_H} = 1 - \frac{Q_L}{Q_H} = 1 - \frac{T_L}{T_H}$$

(Q_H: 흡수열량, Q_L: 방출열량, T_H: 고온부의 온도, T_L: 저온부의 온도)

카르노사이클의 고온부 온도는 $800[K]$이고 저온부 온도는 $400[K]$이다. 이 카르노기관의 효율은 얼마인가?

① 0.4   ② 0.47   ③ 0.5   ④ 0.56

정답 ③

해설 $\eta_c = 1 - \dfrac{T_L}{T_H} = 1 - \dfrac{400}{800} = 1 - 0.5 = 0.5$

04 증기동력 사이클

출제빈도 ★

1. 랭킨사이클(Rankine cycle)

(1) 정의

증기기관의 기본 사이클로, 2개의 정압과정과 2개의 단열과정으로 이루어져 있다.

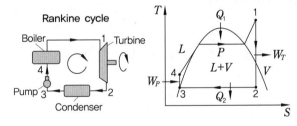

(2) 과정

① 터빈(1-2): 과열증기가 터빈에 들어와 단열팽창을 하고 습증기가 된다.
② 복수기(2-3): 터빈에서 나온 습증기가 복수기에서 정압방열되어 포화수가 된다.
③ 펌프(3-4): 복수기에서 나온 포화수를 복수펌프로 대기압까지 가압하여 보일러에 급수한다.
④ 보일러(4-1): 급수펌프에서 이송된 압축수가 보일러 내부에서 포화수를 거쳐 과열증기가 된다.

(3) 열효율

$$\eta = \frac{W_T - W_P}{Q}$$

$$\eta = \frac{(h_1 - h_2) - (h_4 - h_3)}{h_1 - h_4}$$

$$\eta = \frac{h_1 - h_2}{h_1 - h_4}$$

2. 재열사이클(Reheat cycle)

단열팽창과정의 증기를 일부 추출하여 재가열한 후 다시 터빈으로 보내 열효율을 높인다.

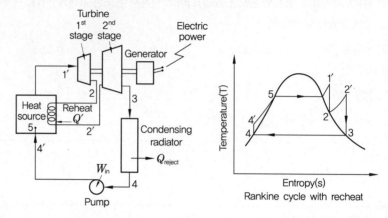

Rankine cycle with recheat

05 기체사이클

1. 오토사이클(Otto cycle)

(1) 정의

가솔린 내연기관의 이상적인 사이클로, 정적 사이클이다.

(2) 열효율

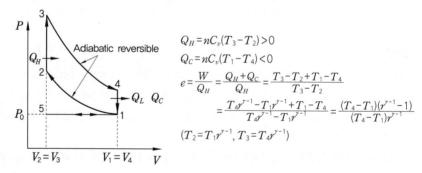

$$Q_H = nC_v(T_3 - T_2) > 0$$
$$Q_C = nC_v(T_1 - T_4) < 0$$
$$e = \frac{W}{Q_H} = \frac{Q_H + Q_C}{Q_H} = \frac{T_3 - T_2 + T_1 - T_4}{T_3 - T_2}$$
$$= \frac{T_4 r^{\gamma-1} - T_1 r^{\gamma-1} + T_1 - T_4}{T_4 r^{\gamma-1} - T_1 r^{\gamma-1}} = \frac{(T_4 - T_1)(r^{\gamma-1} - 1)}{(T_4 - T_1) r^{\gamma-1}}$$

$$(T_2 = T_1 r^{\gamma-1}, \ T_3 = T_4 r^{\gamma-1})$$

$$\eta = 1 - \frac{1}{r^{\gamma-1}}$$

(r: 압축비, γ: 비열비)

2. 디젤사이클(Diesel cycle)

(1) 정의

왕복내연기관의 기본 사이클이며 압축, 연소, 팽창, 배기의 4단계로 이루어져 있다.

(2) 열효율

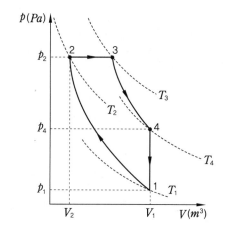

$$\eta = \frac{W}{Q_{23}} = \frac{Q_{23} - |Q_{41}|}{Q_{23}} = 1 - \frac{|Q_{41}|}{Q_{23}}$$

$$\eta = 1 - \frac{|nC_V(T_1 - T_4)|}{nC_P(T_3 - T_2)} = 1 - \frac{1}{\gamma}\frac{T_4 - T_1}{T_3 - T_2}$$

(3) 단절비

연료의 분사 지속시간의 길고 짧음의 비율로, 단절비가 클수록 열효율이 저하된다.

3. 복합(사바테) 사이클(Sabathe cycle)

압축행정 후반에 연소가 시작되어 오토사이클처럼 정적연소가 되고, 피스톤이 상사점을 지날 때 디젤사이클처럼 정압연소가 된다.

4. 브레이턴 사이클(Brayton cycle)

(1) 정의

가스터빈의 기본 사이클로, 2개의 등압과정과 2개의 단열과정으로 이루어져 있다. 압축기로 공기를 압축한 후 연소기로 보내면 연료와 함께 연소되어 터빈을 돌리고 배출된다.

기계직 전문가의 **TIP**

단절비 $= \dfrac{V_3}{V_2}$

(2) 열효율

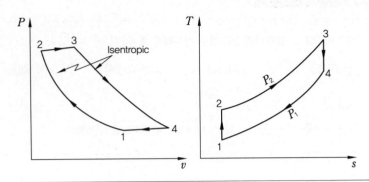

$$\eta = \frac{Q_1 - Q_2}{Q_1} = 1 - \frac{T_4 - T_1}{T_3 - T_2}$$

$$\eta = 1 - \frac{T_1\left[\left(\dfrac{T_4}{T_1}\right) - 1\right]}{T_2\left[\left(\dfrac{T_3}{T_2}\right) - 1\right]}$$

06 냉동 및 열펌프 역카르노사이클

출제빈도 ★★

카르노사이클을 반대방향으로 하면 이상적인 냉동 및 열펌프를 얻을 수 있다.

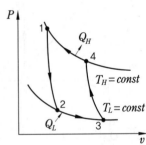

- 냉동기 성적계수: $COP_R = \dfrac{T_L}{T_H - T_L} = \dfrac{Q_L}{Q_H - Q_L} = \dfrac{Q_{제거}}{W}$

  (W: 냉동기에 공급되는 일, $Q_{제거}$: 저열원으로 제거되는 열량)

- 열펌프 성적계수: $COP_H = \dfrac{T_H}{T_H - T_L} = \dfrac{Q_H}{Q_H - Q_L}$

📋 시험문제 미리보기!

냉동기의 고온부 흡수 열량은 6[kJ]이고, 저온부 방출 열량은 4[kJ]이다. 냉동기의 COP는?

① 1   ② 2   ③ 3   ④ 4

정답 ②

해설 $\dfrac{Q_L}{Q_H - Q_L} = \dfrac{4}{6-4} = \dfrac{4}{2} = 2$

07 냉동사이클

1. 냉동사이클

(1) 과정

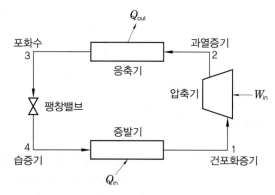

① 증발기: 저온저압의 냉매가 열을 흡수하여 저온저압의 가스가 된다.
② 압축기: 저압의 기체를 고압의 기체로 압축한다.
③ 응축기: 과열증기를 냉각시켜 포화수로 액화시킨다.
④ 팽창밸브: 엔탈피의 변화 없이 온도만 낮추어 습증기를 만든다.

(2) 몰리에르 선도

냉매의 p(압력), h(엔탈피)선도로 냉매의 상태, 운전상태 등을 파악할 수 있다.

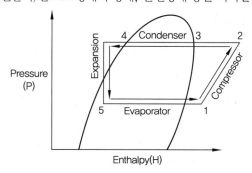

(3) 냉동능력(냉동톤)

0[℃] 물 1000[kg]을 24시간 동안 0[℃] 얼음 1000[kg]으로 만드는 능력을 말한다.

기계직 전문가의 TIP

1냉동톤 = 3320[$kcal/h$]

📖 시험문제 미리보기!

다음 중 냉동사이클에서 실질적으로 냉동의 목적이 이루어지는 곳은?

① 응축기   ② 압축기   ③ 증발기   ④ 팽창밸브

정답 ③
해설 증발기에서 냉매가 열을 흡수하여 저온저압의 가스가 되면서 주위의 열을 흡수한다.

1. 전도(Conduction)

물질의 이동 없이 열이 고온에서 저온으로 전달되는 현상으로, 주로 고체나 유체에서 일어나며 분자운동에 의한 열전달이다. 열전달되는 양은 푸리에(Fourier) 법칙에 의해 표현된다.

$$\dot{q} = -kA\frac{\Delta T}{\Delta x}$$

($\dot{q}$: 열전도율[W], k: 열전도도[$W/m \cdot K$], A: 열전달 면적, Δx: 물체의 두께, ΔT: 온도차이)

📋 시험문제 미리보기!

시멘트벽의 두께는 20[cm]이고, 열전도도는 0.01[$W/m \cdot K$], 열전달 면적은 10[m^2], 외부의 온도는 30[℃], 내부의 온도는 10[℃]이다. 시멘트벽을 통한 열전도율은 얼마인가?

① 5[W]　　　　② 10[W]　　　　③ 15[W]　　　　④ 20[W]

정답 ②

해설 $\dot{q} = -kA\frac{\Delta T}{\Delta x} = -0.01 \times 10 \times \frac{10-30}{0.2} = 10[W]$

2. 대류(Convection)

공기나 물과 같은 유체를 통해 열이 전달되는 현상으로 열이 유체를 따라 고온부에서 저온부로 이동한다. 열전달되는 양은 뉴튼의 냉각법칙(Newton's law of cooling)에 의해 표현된다.

$$\dot{q} = hA\Delta T = hA(T_2 - T_1)$$

($\dot{q}$: 열전도율[W], h: 대류열전달계수[$W/m^2 \cdot K$], A: 열전달 면적, ΔT: 온도차이)

📋 시험문제 미리보기!

난방벽의 한쪽 면이 공기에 의해 강제대류 열전달되고 있다. 대류열전달계수는 100[$W/m^2 \cdot K$], 열전달 면적은 10[m^2], 난방벽의 온도는 40[℃], 공기의 온도는 10[℃]일 때 대류열전달률은 얼마인가?

① 5[kW]　　　　② 10[kW]　　　　③ 20[kW]　　　　④ 30[kW]

정답 ④
해설 $\dot{q} = hA(T_2 - T_1) = 100 \times 10(40-10) = 30000 = 30[kW]$

3. 복사(Radiation)

열이 전자기파의 형태로 전달되기 때문에 열전달 매질이 필요 없다. 태양빛이 지구에 도달하는 방식이며, 복사되는 열전달 양은 스테판-볼쯔만(Stephan-Boltzman) 식에 의한다.

$$E = \sigma A T_S^4, \quad \dot{q} = \sigma A (T_S^4 - T_a^4)$$

(E: 복사에너지$[W]$, σ: 스테판-볼쯔만 상수($5.67 \times 10^{-8}[W/m^2 \cdot K]$),
A: 열전달 면적, $\dot{q}$: 열전달률, T_S: 흑체온도, T_a: 주위온도)

▤ 시험문제 미리보기!

흑체의 표면적은 0.5로 감소하고, 온도가 2배 상승하면 복사에너지는 몇 배가 되는가?

① 2배   ② 4배   ③ 8배   ④ 16배

정답 ③
해설 $E = \sigma A T_S^4$

$\dfrac{E_2}{E_1} = \dfrac{\sigma 0.5 A (2T_S)^4}{\sigma A T_S^4} = 0.5 \times 16 = 8$

∴ E_2는 E_1의 8배가 된다.

4. 열전달 무차원수

(1) 누셀트수(Nusselt number)

대류 열저항과 전도 열저항의 비이다.

(2) 스탠톤수(Stanton number)

대류속도와 열전달 용량의 비이다.

(3) 프란틀수(Prandtl number)

점성력과 열확산력의 비이다.

출제빈도: ★★☆ 대표출제기업: 한국중부발전, 한국가스공사, 인천도시공사

01 100[℃], 0.5[kg]의 금속 구를 20[℃], 5[kg]의 물에 담갔더니 평형온도는 40[℃]가 되었다. 이 금속 구의 비열은?
(단, 물의 비열은 4.2[$kJ/kg \cdot ℃$]이다.)

① 10[$kJ/kg \cdot ℃$] ② 14[$kJ/kg \cdot ℃$] ③ 22[$kJ/kg \cdot ℃$] ④ 34[$kJ/kg \cdot ℃$]

출제빈도: ★★★ 대표출제기업: 한국동서발전, 한국수력원자력, 인천교통공사, 한국에너지공단

02 다음 중 열역학적 현상에 대한 설명으로 옳은 것은?

① 모든 열은 100[%] 일로 전환할 수 있다.
② 엔트로피는 항상 일정하다.
③ 에너지보존은 열역학1법칙이다.
④ 등온과정에서는 엔탈피 변화가 0이다.

출제빈도: ★★☆ 대표출제기업: 한국남동발전, 한국중부발전, 부산교통공사

03 어떤 계의 내부에너지가 30[J] 증가하였고, 외부로 10[J]의 일을 하였다면 엔탈피 변화는 얼마인가?

① $-40[J]$ ② $-20[J]$ ③ $20[J]$ ④ $40[J]$

출제빈도: ★★☆ 대표출제기업: 한국동서발전, 한국가스공사

04 실린더 내의 기체가 ① 상태에서 ② 상태가 되었다. 이때 기체가 행한 일의 양은? (단, $V_1 = 0.3[m^3]$, $V_2 = 0.7[m^3]$ 이다.)

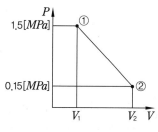

① $60[kJ]$ ② $140[kJ]$ ③ $230[kJ]$ ④ $330[kJ]$

정답 및 해설

01 ②
금속 구가 잃은 열량 = 물이 얻은 열량
$c_m m_m \Delta T_m = c_w m_w \Delta T_w$
$c_m \times 0.5 \times (100 - 40) = 4200 \times 5 \times (40 - 20)$
$c_m = 14000[J/kg \cdot \text{℃}] = 14[kJ/kg \cdot \text{℃}]$

02 ③

오답노트
① 모든 열은 100[%] 일로 전환할 수 없다.
② 엔트로피는 항상 일정하지는 않다.
④ 가역단열과정에서는 엔트로피 변화가 0이다.

03 ④
$H = U + W = 30 + 10 = 40[J]$

04 ④
$W = \dfrac{1}{2}(V_2 - V_1)(P_2 + P_1) = \dfrac{1}{2} \times 0.4 \times 1.65 \times 10^6 = 0.33 \times 10^6$
$= 330[kJ]$

출제빈도: ★★★ 대표출제기업: 한국동서발전, 인천교통공사, 한국가스공사

05 공기의 온도는 $400[K]$, 부피는 $1[m^3]$, 압력은 $200[kPa]$일 때의 공기의 질량은? (단, 공기의 특별기체상수는 $200[J/kg \cdot K]$라고 가정한다.)

① $2.5[kg]$ ② $3[kg]$ ③ $3.5[kg]$ ④ $4[kg]$

출제빈도: ★★☆ 대표출제기업: 한국지역난방공사, 한국가스공사

06 공기의 부피는 일정하고, 온도는 $400[K]$에서 $200[K]$로 감소할 때, 압력은 $200[kPa]$에서 얼마로 변하는가?

① $50[kPa]$ ② $100[kPa]$ ③ $150[kPa]$ ④ $200[kPa]$

출제빈도: ★★★ 대표출제기업: 한국동서발전, 한국수력원자력, 한국가스안전공사

07 등온과정이고 $1[kg]$의 공기가 초기압력 $200[kPa]$, 초기부피 $1[m^3]$에서 나중부피 $2[m^3]$로 팽창하였다. 이 계가 한 일의 양은? (단, $ln2 = 0.69$이다.)

① $95[kJ]$ ② $138[kJ]$ ③ $230[kJ]$ ④ $340[kJ]$

출제빈도: ★★★ 대표출제기업: 한국동서발전, 한국지역난방공사, 한국가스안전공사

08 다음 중 $PV^n = C$의 폴리트로픽 변화에서 n의 값에 따른 상태변화의 연결이 바르지 않은 것은?

① $n = 0$ 정압변화

② $n = 1$ 등온변화

③ $n = k$ 등엔탈피변화

④ $n = \infty$ 정적변화

출제빈도: ★★★ 대표출제기업: 한국에너지공단, 한국가스공사, 인천도시공사

09 다음 중 열역학2법칙에 대한 설명으로 옳지 않은 것은?

① 엔트로피 증가의 법칙이다.

② 모든 열이 일로 전환될 수 없다.

③ 열효율 100[%]인 기관이 가능하다.

④ 열은 고온에서 저온으로 흐른다.

정답 및 해설

05 ①

$$PV = W\overline{R}T, \quad W = \frac{PV}{RT} = \frac{200000 \times 1}{200 \times 400} = 2.5[kg]$$

06 ②

$$\frac{P_1}{T_1} = \frac{P_2}{T_2}, \quad P_2 = P_1 \frac{T_2}{T_1} = 200 \times \frac{200}{400} = 100[kPa]$$

07 ②

$$W = P_1 V_1 ln\frac{V_2}{V_1} = 200 \times 1 \times ln\frac{2}{1} = 200 \times ln2 = 138[kJ]$$

08 ③

$n = k$ 단열변화

09 ③

열효율 100[%]인 기관은 불가능하다.

더 알아보기
- 제1종 영구기관: 에너지 공급 없이 일을 할 수 있는 기관으로, 불가능하다.
- 제2종 영구기관: 열을 100[%] 일로 전환하는 장치로, 불가능하다.

출제빈도: ★★★ 대표출제기업: 한국남부발전, 한전KPS, 한국가스공사, 인천도시공사

10 어떤 카르노 기관의 열효율이 30[%]라고 할 때, 고온부 온도가 327[℃]라면 저온부 온도는 얼마인가?

① 190[K] ② 280[K] ③ 360[K] ④ 420[K]

출제빈도: ★★★ 대표출제기업: 한국남부발전, 한국동서발전, 한국지역난방공사

11 공기의 질량이 1[kg]이고, 초기온도 500[K], 초기압력 2[MPa]이 나중압력 1[MPa]로 변하는 정적변화를 할 때의 엔트로피 변화[kJ/K]는? (단, 공기의 정적비열은 0.5[$kJ/kg \cdot K$], $ln2 = 0.7$이다.)

① -0.35 ② -0.2 ③ 0.1 ④ 0.4

출제빈도: ★★☆ 대표출제기업: 서울교통공사, 한국수력원자력, 한국가스공사

12 다음 랭킨사이클의 효율에 대한 식으로 옳은 것은?

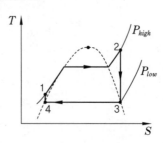

① $\dfrac{h_2 - h_3}{h_2 - h_4}$ ② $\dfrac{h_2 - h_3}{h_3 - h_4}$ ③ $\dfrac{h_2 - h_4}{h_2 - h_3}$ ④ $\dfrac{h_1 - h_3}{h_2 - h_4}$

출제빈도: ★★☆ 대표출제기업: 한국지역난방공사, 한국가스안전공사

13 다음 오토사이클의 열효율은? (단, $T_1 = 200[K]$, $T_2 = 500[K]$, $T_3 = 2100[K]$, $T_4 = 1000[K]$이다.)

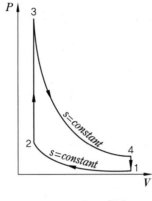

① 48[%]　　　　② 50[%]　　　　③ 52[%]　　　　④ 60[%]

정답 및 해설

10 ④

$$\eta_c = 1 - \frac{T_L}{T_H}, \ 0.3 = 1 - \frac{T_L}{273 + 327}, \ T_L = 0.7 \times 600 = 420[K]$$

11 ①

$$\frac{P_1}{T_1} = \frac{P_2}{T_2}, \ T_2 = T_1 \frac{P_2}{P_1} = 500 \times \frac{1}{2} = 250[K]$$

$$\Delta s = C_v ln \frac{T_2}{T_1} = 0.5 \times ln \frac{250}{500} = -0.5 ln 2 = -0.35$$

12 ①

$$\eta = \frac{h_2 - h_3 - (h_1 - h_4)}{h_2 - h_1}, \ \text{만약 펌프일이 작다면} \ \eta = \frac{h_2 - h_3}{h_2 - h_4} \text{이다.}$$

> **더 알아보기**
>
> 랭킨사이클은 복수기, 터빈, 보일러, 펌프로 이루어져 있다. 복수기는 수증기를 물로 변환시키고, 급수펌프는 보일러에서 필요한 물을 적당한 압력으로 공급한다.

13 ②

$$\eta = 1 - \frac{T_4 - T_1}{T_3 - T_2} = 1 - \frac{1000 - 200}{2100 - 500} = 1 - \frac{800}{1600} = 0.5 \text{이므로 50[%]이다.}$$

14 다음 빈칸에 들어갈 알맞은 용어를 고른 것은?

스털링사이클은 2개의 (   )과정과 2개의 (   )과정으로 되어 있다.

① 정적, 단열   ② 정압, 단열   ③ 정압, 등온   ④ 정적, 등온

15 여름철 외부의 온도는 27[℃]이고, 실내의 온도를 17[℃]로 유지하는 카르노 에어컨이 있다. 제거해야 할 열량이 14.5[kW]일 때, 필요한 최소 동력은?

① 0.5[kW]   ② 1[kW]   ③ 1.5[kW]   ④ 2[kW]

16 다음 중 1[RT]에 해당하지 않는 것은?

① 0[℃] 물 1[ton]을 12시간 동안에 0[℃] 얼음 1[ton]으로 냉동시키는 능력

② 3320[$kcal/h$]

③ 3.86[kW]

④ 1시간 동안 3320[$kcal$]의 열량을 흡수할 수 있는 능력

17 다음 중 열기관과 기본 사이클의 연결이 옳지 않은 것은?

출제빈도: ★★☆ 대표출제기업: 한국남부발전, 한국수력원자력, 한국에너지공단

① 가스터빈기관 – 브레이턴 사이클

② 증기기관 – 랭킨사이클

③ 가솔린기관 – 오토사이클

④ 고속디젤기관 – 스털링사이클

출제빈도: ★★☆ 대표출제기업: 한국남부발전, 한국중부발전

18 실린더 내에 이상기체가 채워져 있고 폴리트로픽 과정이라고 할 때, 온도가 $600[K]$에서 $400[K]$로 감소하면서 팽창하였다. 이때 시스템이 한 일의 양은? (단, $n = 1.4$이고, 기체질량은 $1[kg]$이다.)

① $143.5[kJ]$ ② $168.3[kJ]$ ③ $198.4[kJ]$ ④ $210.4[kJ]$

정답 및 해설

14 ④
스털링사이클은 2개의 정적과정과 2개의 등온과정으로 되어 있다.

15 ①
$COP_R = \dfrac{Q_{제거}}{W} = \dfrac{T_L}{T_H - T_L}, \dfrac{14.5}{W} = \dfrac{273+17}{(273+30)-(273+17)}$

$\dfrac{14.5}{W} = \dfrac{290}{10}, \dfrac{W}{14.5} = \dfrac{1}{29}, W = 0.5[kW]$

16 ①
$0[℃]$ 물 $1[ton]$을 24시간 동안에 $0[℃]$ 얼음 $1[ton]$으로 냉동시키는 능력이다.

17 ④
고속디젤기관의 기본 사이클은 사바테 사이클이다. 스털링사이클은 밀폐식 외연기관의 기본 사이클이다.

18 ①
계가 한 일의 양 $= \dfrac{1}{n-1}(P_1 V_1 - P_2 V_2) = \dfrac{mR}{n-1}(T_1 - T_2)$

$= \dfrac{1 \times 287}{1.4-1}(600 - 400) = 143500[J] = 143.5[kJ]$

(P: 압력$[Pa]$, V: 체적$[m^3]$, m: 기체질량$[kg]$, R: 특별기체상수 ($287[J/kg \cdot K]$), T: 절대온도$[K]$)

제6장

동역학 및 진동

학습목표

1. 질점 및 강체운동의 기본 개념을 이해한다.
2. 기계 진동의 기본 개념을 파악한다.

대표출제기업

2021년~2022년 상반기 필기시험 기준으로 한국철도공사, 한국남동발전, 서울교통공사, 한국동서발전, 한국수력원자력, 한국중부발전, 부산교통공사, 한국지역난방공사, 한전KPS, 한국가스안전공사, 한국가스공사, 대구도시철도공사, 서울주택도시공사 등의 기업에서 출제하고 있다.

▣ 출제비중

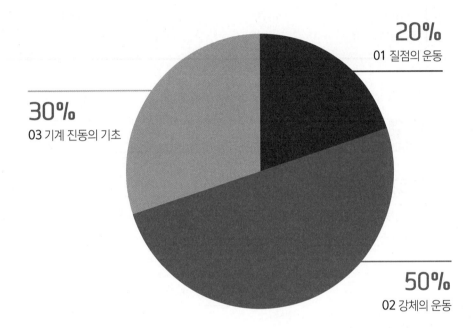

20%
01 질점의 운동

30%
03 기계 진동의 기초

50%
02 강체의 운동

✓ **기출 Keyword**

• 동역학	• 등가속도	• 일	• 에너지
• 질량 관성 모멘트	• 운동량 방정식	• 운동량	• 각속도
• 진동수	• 주기	• 회전	• 등가스프링상수
• 감쇠	• 감쇠비	• 대수감소율	• 단진자
• 충돌	• 탄성	• 위치에너지	

01 질점의 운동

출제빈도 ★

1. 등가속도 운동

(1) 가속도의 정의

$$a = \frac{v_2 - v_1}{t}$$

(a: 가속도, v_1: 처음속도, v_2: 나중속도, t: 걸린 시간)

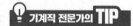

기계직 전문가의 TIP

속도 v로 등속 운동할 때 이동거리
$s = vt$

(2) 운동의 계산

① 초기속도 0에서 h만큼 자유 낙하할 때 도달하는 시간

$$\sqrt{\frac{2h}{g}}$$

② 초기속도 0에서 h만큼 자유 낙하할 때 바닥 도달 속도

$$\sqrt{2gh}$$

③ 초기속도 V로 연직상방으로 던졌을 때 상승높이

$$\frac{V^2}{2g}$$

📋 시험문제 미리보기!

물탱크의 높이가 3[m]일 때, 바닥 노즐의 분출속도는 얼마인가?

① $\sqrt{6g}$ ② $\sqrt{8g}$ ③ $\sqrt{10g}$ ④ $\sqrt{15g}$

정답 ①

해설 $v = \sqrt{2gh} = \sqrt{6g}$

2. 각속도와 각가속도

(1) 접선방향속도

$$v = r\omega$$

(r: 반경, ω: 각속도)

(2) 접선방향가속도

$$a_t = r\alpha$$

(r: 반경, α: 각가속도)

(3) 구심가속도

$$a_n = \frac{v^2}{r} = r\omega^2$$

(r: 반경, v: 접선방향속도, ω: 각속도)

기계직 전문가의 TIP

원심력의 크기 = $\frac{mv^2}{r} = mr\omega^2$

(m: 질량, r: 회전반지름, v: 선속도, ω: 각속도)

📋 시험문제 미리보기!

반경 0.5[m], 회전수 2400[rpm]인 임펠러의 접선방향속도는 몇 [m/s]인가?

① 20π ② 30π ③ 40π ④ 50π

정답 ③

해설 $\omega = 2400 \times \frac{2\pi}{60[s]} = 80\pi[rad/s]$

$v = r\omega = 0.5 \times 80\pi = 40\pi[m/s]$

1. 일과 에너지

(1) 일

$$W(일) = F(힘) \times s(이동거리)$$

(2) 일률

$$P(일률) = \frac{W}{t} = F \times v(속력) = T \times \omega$$

$$(T: 토크, \omega: 각속도)$$

📑 시험문제 미리보기!

직경 $1[m]$의 마찰차를 $600[rpm]$으로 회전시키기 위해 $200[kW]$의 동력을 가할 때의 토크는?

① $\frac{10}{\pi}[kN \cdot m]$ ② $\frac{20}{\pi}[kN \cdot m]$ ③ $\frac{30}{\pi}[kN \cdot m]$ ④ $\frac{40}{\pi}[kN \cdot m]$

정답 ①

해설 $\omega = 600 \times \frac{2\pi}{60[s]} = 20\pi[rad/s]$

       $P = 200[kW] = T\omega = T \times 20\pi$

       $\therefore T = \frac{200}{20\pi} = \frac{10}{\pi}[kN \cdot m]$

(3) 에너지

① 운동에너지

• 직선운동에너지

$$\frac{1}{2}mv^2$$

$$(m: 물체의 질량, v: 물체의 속도)$$

• 회전운동에너지

$$\frac{1}{2}I_G\omega^2$$

$$(I_G: 질량 관성 모멘트, \omega: 각속도)$$

② 위치에너지

　• 중력위치에너지

$$mgh$$

(m: 물체의 질량, g: 중력가속도, h: 물체의 높이)

　• 탄성위치에너지

$$\frac{1}{2}kx^2$$

(k: 스프링계수, x: 변위)

2. 충격량 – 운동량 방정식

• $F \cdot t = mv_2 - mv_1$(나중운동량 – 처음운동량)

　(F: 힘, t: 작용시간)

• $T \cdot t = I \cdot \omega_2 - I \cdot \omega_1$(나중각운동량 – 처음각운동량)

　(T: 토크, t: 작용시간)

외력이 없으면 운동량이 보존되고, 외부 토크가 없으면 각운동량이 보존된다.

▤ 시험문제 미리보기!

정지했던 물체가 두 부분으로 폭발했다. 5[kg]이 왼쪽으로 2[m/s]의 속도로 날아갔을 때, 10[kg]은 오른쪽으로 얼마의 속도로 날아가는가? (단, x 방향 운동만을 가정한다.)

① 1[m/s]   ② 2[m/s]   ③ 3[m/s]   ④ 4[m/s]

정답 ①
해설 0(초기운동량) = −5 × 2 + 10 × v_2(나중운동량)
　　　∴ v_2 = 1[m/s]

기계직 전문가의 **TIP**

각운동량 $L = I_G \cdot \omega$(I_G: 질량 관성 모멘트, ω: 각속도)로 구의 I_G는 $\frac{2}{5}MR^2$(M: 질량, R: 반경)이고, 실린더의 I_G는 $\frac{1}{2}MR^2$(M: 질량, R: 반경)입니다.

1. 주기운동

(1) 스프링질량시스템

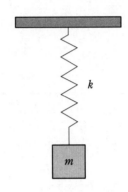

① 주기

$$T = 2\pi\sqrt{\frac{m}{k}}$$

② 진동수

$$f = \frac{1}{T}, \ \omega = 2\pi f$$

(2) 단진자

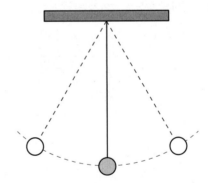

① 주기

$$T = 2\pi\sqrt{\frac{l}{g}}$$

② 진동수

$$f = \frac{1}{T}, \ \omega = 2\pi f$$

2. 등가스프링

(1) 스프링의 직렬연결 – 등가스프링상수(k_e)

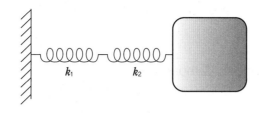

$$\frac{1}{k_e} = \frac{1}{k_1} + \frac{1}{k_2} = \frac{k_1 + k_2}{k_1 k_2}, \ k_e = \frac{k_1 k_2}{k_1 + k_2}$$

(2) 스프링의 병렬연결 – 등가스프링상수(k_e)

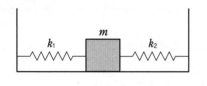 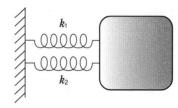

$$k_e = k_1 + k_2$$

(3) 단순보의 등가스프링상수

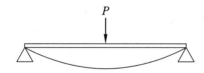

$$k_e = \frac{P}{\delta_e} = \frac{P}{\dfrac{Pl^3}{48EI}} = \frac{48EI}{l^3}$$

▤ 시험문제 미리보기!

양단고정보의 중앙에 P의 집중하중이 작용할 때의 보의 등가스프링상수는?

① $\dfrac{EI}{l^3}$ 　　② $\dfrac{3EI}{l^3}$ 　　③ $\dfrac{48EI}{l^3}$ 　　④ $\dfrac{192EI}{l^3}$

정답 ④

해설 $\dfrac{P}{\delta_e} = \dfrac{P}{\dfrac{Pl^3}{192EI}} = \dfrac{192EI}{l^3}$

3. 감쇠자유진동

(1) 아임계감쇠(Underdamped)

$$C < C_{cr} = 2\sqrt{mk}$$

(2) 임계감쇠(Critically damped)

$$C = C_{cr} = 2\sqrt{mk}$$

(3) 초임계감쇠(Overdamped)

$$C > C_{cr} = 2\sqrt{mk}$$

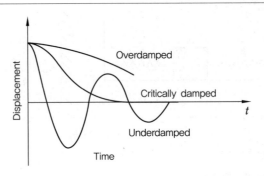

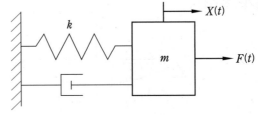

기계직 전문가의 TIP

감쇠비

$$\zeta = \frac{C}{C_{cr}} = \frac{C}{2\sqrt{mk}},\ \omega_n = \sqrt{\frac{k}{m}},$$

$$k = m\omega_n{}^2$$

$$\zeta = \frac{C}{2m\omega_n} = \frac{C\omega_n}{2k}$$

(4) 대수감소율

감쇠자유진동의 진폭이 감소하는 정도로, 감쇠비와의 관계식은 다음과 같다.

$$\delta = \frac{2\pi\zeta}{\sqrt{1 - \zeta^2}}$$

(δ: 대수감소율, ζ: 감쇠비)

감쇠비가 0.5인 경우 시스템의 대수감소율은 얼마인가? (단, $\pi = 3.14$이다.)

① 1.78　　　　　② 2.51　　　　　③ 3.63　　　　　④ 4.29

정답 ③

해설　$\delta = \dfrac{2\pi\zeta}{\sqrt{1-\zeta^2}} = \dfrac{2\pi \times 0.5}{\sqrt{1-0.5^2}} = 3.63$

출제빈도: ★☆☆ 대표출제기업: 한국동서발전, 한국가스공사

01 1[kg]의 공을 78.4[m]까지 던져 올리는 데 걸리는 시간은?

① 1[s]　　　　　　② 2[s]　　　　　　③ 3[s]　　　　　　④ 4[s]

출제빈도: ★☆☆ 대표출제기업: 한국중부발전, 서울주택도시공사

02 노즐에서 나오는 물이 수직상방으로 10[m/s]로 분출될 때, 도달하는 최고 높이는? (단, 중력가속도는 10[m/s^2]으로 가정한다.)

① 2[m]　　　　　　② 3[m]　　　　　　③ 4[m]　　　　　　④ 5[m]

출제빈도: ★☆☆ 대표출제기업: 한국중부발전, 인천교통공사

03 반경과 각속도가 일정한 운동을 하는 물체의 반경을 2배로 하면 원심력은 몇 배가 되는가?

① 0.5배　　　　　　② 2배　　　　　　③ 4배　　　　　　④ 16배

출제빈도: ★★☆ 대표출제기업: 한국중부발전, 인천교통공사

04 길이 1[m]의 진자에 매달려 있는 물체의 질량을 0.5[kg]에서 1[kg]으로 변화시켰다. 이때, 주기는 2초에서 얼마로 변하는가?

① 1[s]　　　　　　② 1.6[s]　　　　　　③ 2[s]　　　　　　④ 4[s]

출제빈도: ★☆☆ .대표출제기업: 한전KPS, 인천교통공사

05 스프링상수 k의 스프링에 질량 m의 물체가 단진동 운동을 한다. 다음 중 단진동의 주기를 감소시키는 방법으로 옳은 것은?

① 스프링상수 k를 크게 한다.

② 질량 m을 크게 한다.

③ 스프링상수 k와 질량 m을 동시에 크게 늘린다.

④ 스프링상수 k와 질량 m은 주기와 상관없다.

정답 및 해설

01 ④

$$t = \sqrt{\frac{2h}{g}} = \sqrt{\frac{2 \times 78.4}{9.8}} = 4[s]$$

02 ④

$$h = \frac{V^2}{2g} = \frac{10^2}{2 \times 10} = 5[m]$$

03 ②

원심력 $= mr\omega^2$이므로 $2r$이 되면 원심력은 2배가 된다.

04 ③

$T = 2\pi\sqrt{\dfrac{l}{g}}$이므로 질량의 영향은 없다.

05 ①

$T = 2\pi\sqrt{\dfrac{m}{k}}$, 주기는 질량 m에 비례하고, 스프링상수 k에 반비례한다.

출제빈도: ★★☆ 대표출제기업: 한국동서발전, 한전KPS

06 다음의 스프링상수는 모두 k로 동일하다. 각각의 등가스프링상수는?

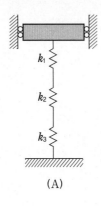

(A)

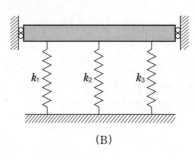

(B)

	A	B
①	$3k$	$3k$
②	$3k$	$\dfrac{k}{3}$
③	$\dfrac{k}{3}$	$3k$
④	$\dfrac{k}{3}$	$\dfrac{k}{3}$

출제빈도: ★☆☆ 대표출제기업: 한국남동발전

07 질량 2[kg], 스프링상수 2[N/m]인 스프링-질량계의 임계감쇠상수는?

① 1[$N \cdot s/m$]　　　　② 2[$N \cdot s/m$]　　　　③ 3[$N \cdot s/m$]　　　　④ 4[$N \cdot s/m$]

출제빈도: ★☆☆ 대표출제기업: 한국가스공사

08 질량 5[kg], 반지름 1[m]의 쇠공이 중심을 지나는 축에 관하여 600[rpm]으로 회전운동하고 있을 때, 각운동량은?

① $10\pi[kg \cdot m^2/s]$　　② $20\pi[kg \cdot m^2/s]$　　③ $30\pi[kg \cdot m^2/s]$　　④ $40\pi[kg \cdot m^2/s]$

출제빈도: ★☆☆ 대표출제기업: 서울교통공사

09 다음 ω의 각속도로 굴러가고 있는 반지름 r인 원반의 A 점과 B 점의 순간선속도는?

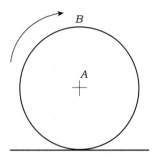

① $v_A = r\omega$, $v_B = 2r\omega$

② $v_A = r\omega$, $v_B = r\omega$

③ $v_A = 2r\omega$, $v_B = r\omega$

④ $v_A = 2r\omega$, $v_B = 2r\omega$

정답 및 해설

06 ③

(A) $\dfrac{1}{k_e} = \dfrac{1}{k} + \dfrac{1}{k} + \dfrac{1}{k} = \dfrac{3}{k}$, $k_e = \dfrac{k}{3}$

(B) $k_e = k + k + k = 3k$

07 ④

$C_{cr} = 2\sqrt{mk} = 2\sqrt{2 \times 2} = 4[N \cdot s/m]$

08 ④

$I_G = \dfrac{2}{5}MR^2 = \dfrac{2}{5} \times 5 \times 1^2 = 2[kg \cdot m^2]$

$\omega = 600 \times \dfrac{2\pi}{60[s]} = 20\pi[rad/s]$

각운동량 $L = I_G \cdot \omega = 2 \times 20\pi = 40\pi[kg \cdot m^2/s]$

09 ①

회전하는 순간 바닥점을 중심으로 순간회전한다. 선속도 $v = r\omega$이고, 바닥접촉점으로부터 A 점은 r, B 점은 $2r$의 거리만큼 떨어져 있으므로 $v_A = r\omega$, $v_B = 2r\omega$이다.

더 알아보기

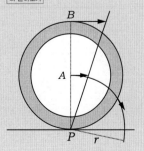

구름운동을 할 때 A 점과 B 점은 P를 중심으로 순간회전한다.

제**7**장 유체기계 및 유압기기

■ 학습목표

1. 유체기계인 펌프에 대해 이해한다.
2. 유압기기의 종류와 특성을 파악한다.

■ 대표출제기업

2021년~2022년 상반기 필기시험 기준으로 한국철도공사, 한국남동발전, 서울교통공사, 한국동서발전, 한국수력원자력, 한국수자원공사, 한국토지주택공사, 한국농어촌공사, 부산교통공사, 한국지역난방공사, 한전KPS, 한국가스안전공사, 한국가스공사, 대구도시철도공사, 서울주택도시공사 등의 기업에서 출제하고 있다.

■ 출제비중

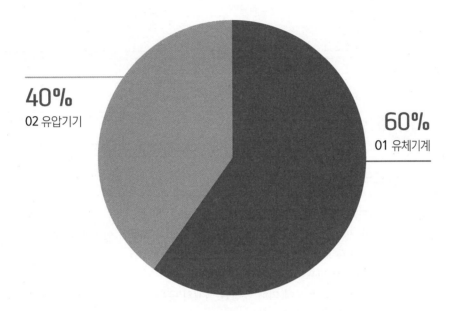

01	**유체기계**	출제빈도 ★★★

1. 펌프의 종류

(1) 터보펌프(Turbo pump)

깃이 있는 임펠러의 회전에 의해 원심력을 이용하여 압력을 가해서 유체를 보내는 펌프로, 진동이 적고 연속적인 송출이 가능하다.

① 원심식 펌프

임펠러의 회전에 의해 유입된 액체의 운동에너지를 압력에너지로 변환시키는 펌프로, 터보형 펌프라고도 한다.

- 볼류트펌프(Volute pump): 임펠러(Impeller) 둘레에 안내깃(Guide vane)이 없고 스파이럴 케이싱(Spiral casing)이 있으며 15[m] 이하의 저양정에 사용된다.
- 터빈펌프(Turbine pump): 임펠러와 스파이럴 케이싱 사이에 안내깃이 있고, 20[m] 이상의 고양정에 사용된다.

기계직 전문가의 TIP

양정
펌프가 물을 들어올리는 높이를 말합니다.

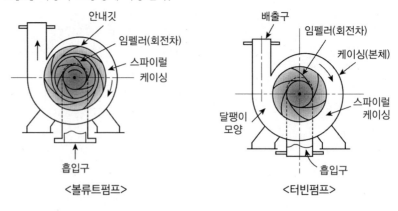

안내깃
임펠러(회전차)
스파이럴 케이싱
흡입구
〈볼류트펌프〉

배출구
임펠러(회전차)
케이싱(본체)
달팽이 모양
스파이럴 케이싱
흡입구
〈터빈펌프〉

② 축류식 펌프

축방향으로 들어온 유체가 그대로 축방향으로 송출되는 펌프이다.

- 축류펌프: 프로펠러형 날개를 회전시켜 축방향으로 유체를 내보내는 펌프
- 경사류펌프: 축방향으로 유체가 들어와서 축에 대하여 경사진 방향으로 나가는 펌프

(2) 용적형 펌프

압력의 변화에 상관없이 왕복부 또는 회전부에 공간을 두어 일정한 유량을 제공하는 펌프이다.

① 왕복식 펌프

피스톤 또는 플런저가 실린더 내에서 왕복운동하면서 유체를 송출하는 펌프로, 양수량은 적고 구조가 간단하며 고양정(고압)에 적합하다.

- 피스톤펌프(Piston pump): 피스톤이 실린더 내에서 움직이면서 유체를 내보내는 펌프
- 플런저펌프(Plunger pump): 플런저가 왕복운동하면서 유체를 내보내는 펌프
- 다이어프램펌프(Diaphragm pump): 합성수지 다이어프램을 이용하여 유체를 내보내는 펌프

② 회전식 펌프

회전자(Rotor)에 의해 유체를 밀어내는 펌프로, 구조가 간단하고 고양정을 얻을 수 있으며 기름 같은 고점도의 유체를 송출할 수 있다.

- 기어펌프(Gear pump): 2개의 맞물린 기어로 유체를 이동시키는 펌프
- 나사펌프(Screw pump): 나사를 회전시켜서 나사에 접해 있는 유체를 이동시키는 펌프
- 베인펌프(Vane pump): 편심 베인(깃)이 회전하면서 유체를 내보내는 펌프
- 재생펌프(Regenerative pump): 매끈한 회전축을 회전시키면서 유체의 점성력을 이용하여 유체를 내보내는 펌프

(3) 특수형 펌프

① 기포펌프(Airlift pump): 펌프의 바닥에서 기포가 나와서 유체를 밀어내는 펌프
② 분사펌프(Jet pump): 고압압축 연료를 연소실에 분사하는 펌프

2. 펌프의 운전

(1) 펌프의 직렬운전

같은 성능의 펌프를 직렬로 연결하면 유량은 동일하고 양정(압력)은 2배가 된다.

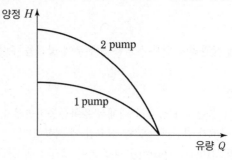

(2) 펌프의 병렬운전

같은 성능의 펌프를 병렬로 연결하면 양정(압력)은 동일하고 유량은 2배가 된다.

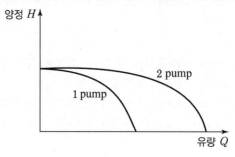

3. 펌프의 계산

(1) 비속도(비교회전속도 N_S)

① 단위유량 $1[m^3/min]$일 때, 단위양정 $1[m]$가 되기 위한 회전차(임펠러)의 회전수를 말한다.

② 비속도가 큰 경우 유량은 크고 양정은 낮아지며, 비속도가 작은 경우 유량은 작고 양정은 높아진다.

$$N_S = \frac{N\sqrt{Q}}{H^{\frac{3}{4}}}$$

(N: 회전수$[rpm]$, Q: 유량$[m^3/min]$, H: 양정$[m]$)

※ 다단펌프의 경우 H 대신에 $\frac{H}{n}$(n: 단수)를 대입함

회전수는 4000[rpm], 유량은 0.25[m^3/min], 양정은 32[m]인 2단 원심펌프의 비속도는 얼마인가?

① 100[$rpm \cdot m^3/min \cdot m$]

② 150[$rpm \cdot m^3/min \cdot m$]

③ 200[$rpm \cdot m^3/min \cdot m$]

④ 250[$rpm \cdot m^3/min \cdot m$]

정답 ④

해설 $N_S = \dfrac{N\sqrt{Q}}{H^{\frac{3}{4}}}$

$H = \dfrac{32}{2} = 16$

$N_S = \dfrac{4000\sqrt{0.25}}{16^{\frac{3}{4}}} = \dfrac{2000}{8} = 250[rpm \cdot m^3/min \cdot m]$

(2) 흡입수두(NPSH)

펌프가 캐비테이션(Cavitation) 없이 펌프를 안전하게 사용할 수 있는 흡입가능 압력을 말한다.

① 유효흡입수두(NPSHav)

펌프가 문제없이 작동되기 위한 압력(양정)을 의미하며, 흡입조건과 환경조건(배관시스템)에 의해 결정된다.

$$NPSHav = H_a \pm H_z - H_f - H_v = \frac{P_a}{\gamma} \pm H_z - H_f - \frac{P_v}{\gamma}$$

(H_a: 대기압, H_z: 흡입양정, H_f: 흡입마찰손실수두, H_v: 포화증기압수두,

γ: 비중량, P_a: 대기압, P_v: 포화증기압)

※ 1) +: 수면이 펌프보다 높이 있는 경우(압입)

2) −: 수면이 펌프보다 낮게 있는 경우(흡입)

② 필요흡입수두(NPSHre)

펌프가 작동하기 위해 필요한 흡입양정을 의미하며, 펌프의 고유특성으로 펌프의 설계에 의해 결정된다.

$$NPSHre = \left(\frac{N\sqrt{Q}}{N_S}\right)^{\frac{4}{3}}, \quad N_S = \frac{N\sqrt{Q}}{H^{\frac{3}{4}}}$$

(N: 회전수, Q: 유량, N_S: 비속도)

③ NPSHav와 NPSHre의 관계

- NPSHav < NPSHre: 캐비테이션 발생
- NPSHav > NPSHre: 캐비테이션 발생 안 함
- 실무조건: NPSHav ≥ NPSHre × 1.3

- $\dfrac{\gamma QH}{1000}[kW] = \dfrac{\gamma QH}{735}[PS]$

  (γ: 물의 비중량[N/m^3],
  Q: 유량[m^3/s], H: 전양정[m])

- $\dfrac{\gamma QH}{102}[kW] = \dfrac{\gamma QH}{75}[PS]$

  (γ: 물의 비중량[kg_f/m^3],
  Q: 유량[m^3/s], H: 전양정[m])

(3) 펌프의 동력

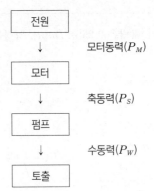

① 수동력(P_W)

펌프의 임펠러가 유체에 가하여 토출시키는 동력을 말한다.

$$P = \gamma QH$$

(P: 펌프의 동력[kW], γ: 물의 비중량[kN/m^3], H: 양정[m], Q: 유량[m^3/s])

② 축동력(P_S)

모터가 펌프의 임펠러에 가하는 동력을 말한다.

$$P = \frac{\gamma QH}{\eta}$$

(P: 펌프의 동력[kW], γ: 물의 비중량[kN/m^3], H: 양정[m],

η: 펌프의 효율, Q: 유량[m^3/s])

③ 모터(전동기)동력(P_M)

펌프를 작동시키기 위해 모터(전동기)에 공급해야 하는 실제 동력(Power)을 말한다.

$$P = \frac{\gamma QH}{\eta} \times K$$

(P: 펌프의 동력[kW], γ: 물의 비중량[kN/m^3], H: 양정[m],

η: 펌프의 효율, K: 전달계수, Q: 유량[m^3/s])

유량은 $10[m^3/min]$, 효율은 $70[\%]$, 양정은 $70[m]$, 전달계수는 2인 펌프를 작동시키기 위한 동력은 얼마인가? (단, 물의 비중량은 $10[kN/m^3]$이다.)

① $180[kW]$ ② $240[kW]$ ③ $334[kW]$ ④ $450[kW]$

정답 ③

해설 $P = \dfrac{\gamma QH}{\eta} \times K$

$Q = 10[m^3/min] = \dfrac{10}{60}[m^3/s] = 0.167[m^3/s]$

$\dfrac{\gamma QH}{\eta} \times K = \dfrac{10 \times 0.167 \times 70}{0.7} \times 2 = 334[kW]$

(4) 펌프의 상사

펌프의 임펠러 사이즈가 달라도 비속도가 같다면 이를 기하학적 상사라고 한다.

① 유량의 상사

$$\frac{Q_2}{Q_1} = \left(\frac{N_2}{N_1}\right) \times \left(\frac{D_2}{D_1}\right)^3$$

(Q_1, Q_2: 유량$[m^3/s]$, N_1, N_2: 회전수$[rpm]$, D_1, D_2: 직경$[m]$)

② 양정의 상사

$$\frac{H_2}{H_1} = \left(\frac{N_2}{N_1}\right) \times \left(\frac{D_2}{D_1}\right)^2$$

(H_1, H_2: 양정$[m]$)

③ 축동력의 상사

$$\frac{P_2}{P_1} = \left(\frac{N_2}{N_1}\right) \times \left(\frac{D_2}{D_1}\right)^5$$

(P_1, P_2: 축동력$[kW]$)

두 펌프의 임펠러 직경의 비 $\dfrac{D_2}{D_1}$는 2일 때, 유량의 비 $\dfrac{Q_2}{Q_1}$를 같게 하려면 회전수의 비

$\dfrac{N_2}{N_1}$는 얼마가 되게 해야 하는가?

① $\dfrac{1}{8}$　　　　　② $\dfrac{1}{10}$　　　　　③ $\dfrac{1}{16}$　　　　　④ $\dfrac{1}{36}$

정답 ①

해설　$\dfrac{Q_2}{Q_1} = \left(\dfrac{N_2}{N_1}\right) \times \left(\dfrac{D_2}{D_1}\right)^3$

　　　　$1 = \left(\dfrac{N_2}{N_1}\right) \times 2^3$

　　　　$\dfrac{N_2}{N_1} = \dfrac{1}{8}$

4. 펌프의 이상현상

(1) 공동현상(Cavitation)

물이 펌프배관에 흡입될 때 흡입속력이 빨라지면 압력이 강하한다. 만약 압력이 주위 환경의 포화증기압보다 낮아지면 물이 수증기로 증발되어 기포를 생성한다.

① 발생원인
- 흡입측 수두가 클 경우
- 흡입측 마찰손실이 클 경우
- 흡입측 배관 길이가 긴 경우
- 흡입측 배관 직경이 작은 경우
- 흡입측 유속이 빠른 경우
- 흡입측 압력이 낮은 경우
- 흡입측 물이 고온인 경우

② 방지대책
- 펌프의 위치를 수원의 위치보다 가능한 한 낮게 한다.
- 마찰손실을 작게 한다.
- 흡입측 배관 길이를 짧게 한다.
- 흡입측 배관 직경을 크게 한다.
- 흡입측 유속을 느리게 한다.
- 흡입측 압력을 높게 한다.
- 흡입측 물을 저온으로 한다.
- 임펠러의 회전수를 낮게 한다.
- 양흡입펌프를 사용한다.
- 펌프를 병렬로 설치한다.

(2) 서징(Surging)

펌프 작동 시 압력, 유량, 임펠러의 회전수가 주기적으로 변하는 현상으로, 맥동현상이라고도 하며 발생 시 펌프나 배관이 파손될 수 있다.

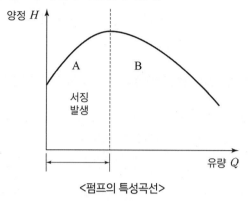

<펌프의 특성곡선>

① 발생원인
- 펌프의 특성곡선이 A 영역에 있는 경우
- 관로에 수조나 공기가 있는 경우
- 유량조절밸브가 수조 뒤에 있는 경우

② 방지대책
- 펌프의 특성곡선을 B 영역으로 옮긴다.
- 관로에 수조를 설치하지 않고 공기를 제거한다.
- 유량조절밸브를 수조 앞으로 옮긴다.
- By pass 관로[1]를 설치하여 펌프의 특성곡선을 B 영역으로 옮긴다.

(3) 수격현상(Water Hammering)

배관의 밸브를 갑자기 닫으면 운동하는 물체를 정지시킬 때와 같이 심한 충격을 받고 급격한 압력변화가 배관에 바로 전달되어 진동과 충격음을 유발하는 현상으로, 고장의 원인이 되기도 한다.

① 발생원인
- 펌프의 갑작스러운 기동 및 급정지 시
- 대관로에서 소관로 또는 배관이 급격히 꺾일 때
- 밸브나 수전류의 급격한 개폐 시

② 방지대책
- 배관 직경을 일정하게 유지하여 유속을 느리게 한다.
- 펌프에 플라이 휠(Fly wheel)을 설치하여 유속의 급격한 변화를 방지한다.
- 조압수조(Surge tank)나 공기실(Air chamber)을 설치하여 압력변화를 방지한다.
- 자동수압밸브를 설치하여 압력의 변화를 막는다.
- 릴리프밸브와 체크밸브를 설치한다.
- 수격방지기(Water hammering cushion)를 설치한다.

1) By pass 관로
By pass란 우회로로, 별도의 배관을 의미함

다음 중 밸브를 갑자기 닫으면 진동과 충격음이 발생하는 현상은?

① 서징   ② 캐비테이션   ③ 수격현상   ④ 채터링현상

정답 ③

해설 급격한 압력변화가 전달되어 진동과 충격음을 유발하는 현상은 수격현상이다.

오답노트
① 서징: 펌프의 압력이 급격히 변화하면서 진동과 소음을 유발하는 현상
② 캐비테이션: 펌프의 압력이 급격히 낮아지면서 유체가 끓는 현상
④ 채터링현상: 릴리프밸브의 스프링 장력이 약하거나 스프링의 진동으로 인해 밸브가 떨리는 현상

---

02 유압기기 출제빈도 ★★

💡 **기계직 전문가의 TIP**

작동유의 점도가 높을수록 유압펌프의 동력손실이 커집니다.

1. 유압기기

(1) 특징

① 작은 힘으로 큰 힘을 얻을 수 있다.
② 구조가 간단하다.
③ 누유의 위험성이 있다.

(2) 요소

유압밸브, 유압탱크, 유압펌프, 유압작동기(액추에이터)

2. 유압밸브

유압에 의해 작동되거나 제어되는 밸브를 말한다.

(1) 압력제어밸브

① 릴리프밸브(Relief valve): 회로 내의 최고압력을 유지시키는 밸브로, 실린더의 무리한 힘이나 토크를 제한한다.
② 감압밸브: 주회로의 압력보다 감압시키고자 할 때 사용하는 밸브로, 출구압력을 일정하게 유지한다.
③ 시퀀스밸브(Sequence valve): 조작의 순서를 제어할 때 주회로의 압력을 일정하게 유지하면서 각각의 실린더를 사용할 수 있는 밸브
④ 무부하밸브: 회로 내의 압력이 일정 압력에 도달했을 때 그 압력을 유지한 채 탱크에 다시 되돌리는 밸브
⑤ 카운터밸런스밸브(Counter balance valve): 회로의 일부에 배압을 주고자 할 때 사용하는 밸브로, 해머의 낙하처럼 부하가 갑자기 제거되어 제어가 곤란할 때 사용한다.

(2) 방향제어밸브

① 체크밸브(Check valve): 한 방향만의 유동을 하도록 하는 밸브
② 감속밸브: 캠 기구를 이용하여 유압 액추에이터의 동작을 늦추는 밸브
③ 셔틀밸브(Shuttle valve): 출구측 포트는 입구측 포트 중에서 항상 고압측에만 연결되도록 하여 고압이 유지되게 하는 선택밸브
④ 스풀밸브(Spool valve): 하나의 축상에 여러 개의 밸브를 두고 직선운동으로 유로를 구성하여 흐름 방향을 제어하는 밸브
⑤ 포핏밸브(Poppet valve): 밸브 몸체가 밸브의 시트면에 직각방향으로 이동하는 형태의 작은 밸브

(3) 유량제어밸브

① 교축밸브: 통로 단면을 조절하여 유량을 조절하는 간단한 구조의 밸브
② 압력보상형 유량조절밸브: 압력의 변동에도 항상 유량을 일정하게 유지시키는 밸브
③ 유량분류밸브: 유량을 제어하고 분배하는 밸브
④ 유량집류밸브: 2개의 유입관로의 압력에 상관없이 정해진 출구유량이 되도록 하는 밸브
⑤ 바이패스(By pass) 유량제어밸브: 증가한 유동량을 바이패스 경로로 유출되도록 하는 밸브
⑥ 스톱밸브(Stop valve): 주로 개폐 목적이나 어느 정도 유량 조절이 가능한 밸브
⑦ 솔레노이드밸브(Solenoid valve): 원격으로 유량을 조절할 수 있는 전자밸브

📋 시험문제 미리보기!

다음 중 방향제어밸브가 아닌 것은?

① 체크밸브　　　② 감속밸브　　　③ 릴리프밸브　　　④ 셔틀밸브

정답 ③
해설 릴리프밸브는 압력제어밸브이다.

출제빈도: ★☆☆ 대표출제기업: 한전KPS

01 다음 중 안내깃이 없는 원심펌프에 해당하는 것은?

① 터빈펌프   ② 기어펌프   ③ 볼류트펌프   ④ 플런저펌프

출제빈도: ★☆☆ 대표출제기업: 한국토지주택공사

02 펌프 임펠러의 회전수는 160[rpm], 펌프의 유량은 9[m^3/min], 양정은 48[m]일 때, 비속도는 얼마인가? (단, 3단 펌프이다.)

① 50[$rpm \cdot m^3/min \cdot m$]   ② 60[$rpm \cdot m^3/min \cdot m$]

③ 70[$rpm \cdot m^3/min \cdot m$]   ④ 80[$rpm \cdot m^3/min \cdot m$]

출제빈도: ★★☆ 대표출제기업: 한국수력원자력, 인천교통공사

03 다음 중 캐비테이션을 방지하는 방법으로 옳지 않은 것은?

① 펌프를 되도록 높게 설치한다.
② 양흡입펌프를 사용한다.
③ 임펠러의 회전수를 낮춘다.
④ 마찰저항이 작은 관을 사용한다.

출제빈도: ★★☆ **대표출제기업:** 서울교통공사, 한국수력원자력

04 물의 비중량은 10[kN/m^3], 유량은 1[m^3/s], 양정은 10[m]인 원심펌프의 수동력은?

① 10[kW]   ② 50[kW]   ③ 100[kW]   ④ 200[kW]

출제빈도: ★★★ **대표출제기업:** 한국동서발전, 서울주택도시공사

05 다음 중 저압측 포트를 막아 항상 고압측의 유압유만을 흐르게 하는 유압밸브는?

① 체크밸브   ② 감속밸브   ③ 릴리프밸브   ④ 셔틀밸브

정답 및 해설

01 ③

오답노트
① 터빈펌프: 안내깃이 있는 원심펌프
② 기어펌프: 두 개의 기어의 회전을 이용한 회전펌프
④ 플런저펌프: 플런저를 왕복운동시키는 왕복펌프

02 ②

비속도 = $\dfrac{N\sqrt{Q}}{\left(\dfrac{H}{n}\right)^{\frac{3}{4}}} = \dfrac{160\sqrt{9}}{\left(\dfrac{48}{3}\right)^{\frac{3}{4}}} = \dfrac{480}{8} = 60[rpm \cdot m^3/min \cdot m]$

03 ①

펌프를 되도록 낮게 설치해야 한다.

더 알아보기
유체의 속도변화로 인해 압력변화가 일어나고 유체 내에 공동현상(Cavitation)이 발생한다. 이때 유체의 압력이 유체의 증기압 이하로 낮아지면 끓음 현상이 발생하여 기포가 생긴다. 선박 프로펠러의 고속회전으로 캐비테이션이 발생하면 프로펠러가 휘거나 부러진다.

04 ③
수동력 = $\gamma QH = 10 \times 1 \times 10 = 100[kW]$

05 ④
셔틀밸브는 출구측 포트는 입구측 포트 중에서 항상 고압측에만 연결되도록 하여 고압이 유지되게 하는 선택밸브이다.

오답노트
① 체크밸브: 역류방지용으로 한쪽으로만 유체가 흐르게 하는 밸브
② 감속밸브: 유량조절밸브를 이용해 유속을 감속시키는 밸브
③ 릴리프밸브: 회로의 압력이 목표치를 넘어서면 남은 유체를 흘려보내 회로의 압력을 설정치로 유지하는 밸브

출제빈도: ★★★ 대표출제기업: 한국중부발전, 한국가스기술공사

06 다음 중 압력제어밸브가 아닌 것은?

① 릴리프밸브   ② 감압밸브   ③ 시퀀스밸브   ④ 교축밸브

출제빈도: ★☆☆ 대표출제기업: 한국남부발전, 한국동서발전

07 다음 중 펌프에 관한 동력의 크기가 큰 순서대로 바르게 나열한 것은?

① 축동력 > 수동력 > 전동기동력

② 수동력 > 축동력 > 전동기동력

③ 전동기동력 > 수동력 > 축동력

④ 전동기동력 > 축동력 > 수동력

출제빈도: ★☆☆ 대표출제기업: 서울교통공사, 한국수력원자력

08 다음 중 슬루스밸브에 대한 설명으로 옳지 않은 것은?

① 유체흐름의 저항이 작다.

② 밸브를 자주 개폐할 필요가 없는 곳에 사용한다.

③ 지름이 작은 관에 사용한다.

④ 발전소의 도입관 또는 상수도의 주관에 사용한다.

출제빈도: ★☆☆ 대표출제기업: 한국중부발전, 한국가스기술공사

09 다음 중 압력저장장치로 맥동압력, 충격압력을 흡수하여 유압장치를 보호하는 유압회로의 구성요소는?

① 시퀀스밸브   ② 교축밸브   ③ 체크밸브   ④ 축압기

출제빈도: ★★☆ 대표출제기업: 한국남부발전, 한국수력원자력

10 바닥부터 수차의 수차면까지의 높이는 $10[m]$, 유량은 $3[m^3/s]$인 수차의 출력은 몇 $[PS]$인가? (단, 물의 비중량은 $10[kN/m^3]$이다.)

① $200[PS]$ ② $300[PS]$ ③ $400[PS]$ ④ $500[PS]$

정답 및 해설

06 ④
교축밸브는 유량제어밸브이다.

07 ④
전원이 모터에 가하는 전동기동력이 가장 크고, 그다음으로 모터가 펌프의 임펠러에 가하는 축동력, 펌프의 임펠러가 물에 가하는 수동력의 순서이다.

08 ③
슬루스밸브는 흐름에 대한 저항이 작고, 압력에 강하여 지름이 큰 관에 사용한다.

09 ④
오답노트
① 시퀀스밸브: 작동순서를 제어하는 밸브
② 교축밸브: 교축작용으로 유량을 조절하는 밸브
③ 체크밸브: 역류방지용 밸브

10 ③
출력 $= \gamma QH = 10 \times 3 \times 10 = 300[kW]$
$\dfrac{300[kW]}{0.75} = 400[PS]$

제**8**장 기계설계

▣ 학습목표

1. 축 설계에 대한 내용을 명확히 이해한다.
2. 출제비중이 높은 커플링, 베어링, 마찰차, 기어의 특징과 종류를 파악한다.

▣ 대표출제기업

2021년~2022년 상반기 필기시험 기준으로 한국철도공사, 한국남동발전, 서울교통공사, 한국수력원자력, 한국수자원공사, 한국도로공사, 부산교통공사, 한국지역난방공사, 한전KPS, 대구도시철도공사, 서울주택도시공사, 서울시설공단, 국가철도공단 등의 기업에서 출제하고 있다.

■ 출제비중

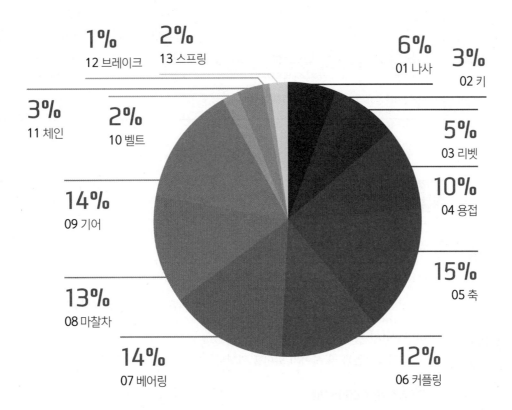

- 나사
- 전단강도
- 미끄럼 베어링
- 마찰차
- 체인
- 엔드저널
- 피니언
- 유니버설 조인트

- 너트
- 용접이음
- 구름 베어링
- 기어
- 브레이크
- 피치
- 베벨기어
- 겹치기이음

- 키
- 축
- 볼 베어링
- 언더컷
- 스프링
- 리드
- 평기어

- 리벳
- 커플링
- 클러치
- 벨트
- 치형
- 래크
- 전달동력

01 나사

출제빈도 ★

기계직 전문가의 TIP

$l = np$ (n: 나사의 줄 수)

기계직 전문가의 TIP

골지름을 d_1, 바깥지름을 d라고 하면 지름 3[mm] 이상은 $d_1 = 0.8d$로 합니다.

σ_a(허용인장응력) $= \dfrac{P}{A}$

$= \dfrac{P}{\dfrac{\pi}{4}(0.8d^2)}$

1. 리드와 피치

(1) 리드(l)

나사가 1회전할 때 전진하는 길이를 말하며, n줄 나사는 n배 전진한다.

(2) 피치(p)

산과 산, 골과 골 사이의 길이를 말한다.

📋 시험문제 미리보기!

2줄 나사를 180° 회전시킬 때 축방향으로 전진하는 길이는? (단, 피치는 2[mm]이다.)

① 1[mm] ② 2[mm] ③ 3[mm] ④ 4[mm]

정답 ②

해설 $l = np = 2 \times 2 = 4$, 180°이므로 $4 \times \dfrac{180}{360} = 2[mm]$

2. 나사의 종류

(1) 체결용 나사

① 미터나사(Metric thread): 나사산의 각도가 60°인 삼각나사
② 유니파이나사(Unified screw thread): ABC나사라고도 하며, 나사산의 각도가 60°이고, 피치 및 직경이 인치 단위인 나사
③ 관용나사(Pipe thread): 나사산의 각도가 55°이며 파이프의 기밀을 유지하는 나사

(2) 운동용 나사

① 사각나사(Square thread): 나사산의 단면이 정사각형인 나사
② 사다리꼴 나사(Trapezoidal thread): 공작기계의 이송나사로 사용되는 나사로, 에크미나사(Acme thread)라고도 한다.
③ 톱니나사(Buttless thread): 힘을 한쪽 방향으로만 전달할 때 사용하는 나사
④ 볼나사(Ball thread): 공작기계의 이송나사로 사용되는 나사
⑤ 너클나사(Knuckle thread): 이물질이 들어갈 가능성이 있을 때 사용하는 나사로, 원형나사라고도 한다.

기계직 전문가의 TIP

사다리꼴 나사의 종류

사다리꼴 나사에는 미터계 사다리꼴 나사(TM, $\alpha = 30°$)와 인치계 사다리꼴 나사(TW, $\alpha = 29°$)가 있습니다.

기계직 전문가의 TIP

볼나사의 장단점

볼나사는 백래시가 작고 효율이 좋다는 장점이 있으나, 자동체결이 어렵고 너트의 크기가 크며 가격이 비싸다는 단점이 있습니다.

02 | 키

출제빈도 ★

1. 정의

벨트풀리, 핸들, 기어, 커플링, 클러치 등의 회전체를 축에 고정시켜 회전력을 전달하는 기계요소를 말한다.

2. 종류

(1) 안장키(새들키, Saddle key)

축이 아닌 보스[1]에 홈 가공을 하며, 작은 토크를 전달하거나 축에 기어 등을 고정할 때 사용된다.

(2) 평키(납작키, Flat key)

축을 키의 너비만큼 평평하게 가공하며, 안장키보다 약간 큰 동력을 전달한다.

(3) 묻힘키(성크키, Sunk key)

가장 많이 사용되는 키로, 확실한 동력을 전달하나 축 강도 저하에 주의가 필요하다.

(4) 원뿔키(Cone key)

원뿔을 때려 박아 헐겁지 않게 고정할 수 있으며 편심이 적다.

1) 보스

돌출된 둥근 기둥으로, 내부가 비어 있어 다른 부품과 결합할 수 있음

기계직 전문가의 TIP

묻힘키의 전단응력과 압축응력

- 전단응력: $\tau = \dfrac{2T}{bld}$

- 압축응력: $\sigma = \dfrac{4T}{hld}$

(T: 토크, h: 키의 높이, l: 키의 길이, b: 키의 폭, d: 축지름)

(5) 접선키(Tangent key)

서로 반대방향의 기울기를 가지는 2개의 키를 한 쌍으로 사용하며, 큰 회전력을 전달할 수 있다. 양방향의 회전에는 두 세트의 접선키를 사용한다.

(6) 둥근키(핀키, Pin key)

작은 지름의 하중에 사용한다.

(7) 스플라인키(Spline key)

여러 개의 톱니 모양을 동일한 간격으로 가공하여 축과 가공물을 고정한다. 큰 토크를 전달할 수 있어 자동차의 변속기에 사용된다.

3. 키의 전달력

키의 전달력은 크기가 큰 순서대로 스플라인키, 접선키, 묻힘키, 평키, 안장키, 둥근키의 순이다.

▤ᛁᛁ 시험문제 미리보기!

다음 중 전달력이 가장 큰 키는?

① 스플라인키　　　② 접선키　　　③ 둥근키　　　④ 안장키

정답　①
해설　스플라인키＞접선키＞묻힘키(성크키)＞평키＞안장키＞둥근키 순으로 전달력이 크다.

03　리벳　　　　　　　　　　　　　　　　　　출제빈도 ★★

1. 정의

얇은 판재를 영구 결합시키는 연성 금속 핀을 말한다.

2. 종류

(1) 둥근머리리벳

강도가 필요한 판재나 두꺼운 판재 접합에 사용한다.

(2) 접시머리리벳

항공기 외부 표면 접합에 사용한다.

(3) 얇은 납작머리리벳

내부구조물 접합에 사용한다.

(4) 냄비머리리벳

납작머리리벳과 비슷하나 모서리가 없고, 얇은 내부구조물 접합에 사용한다.

(5) 납작머리리벳

머리가 납작하며 머리 하단 직경이 상단에 비해 크다.

(6) 둥근접시머리리벳

내부의 두꺼운 판재 접합에 사용한다.

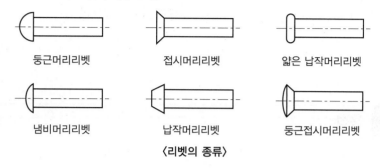

| 둥근머리리벳 | 접시머리리벳 | 얇은 납작머리리벳 |

| 냄비머리리벳 | 납작머리리벳 | 둥근접시머리리벳 |

〈리벳의 종류〉

3. 리벳작업

(1) 코킹(Caulking)

기밀이 필요한 용기의 리벳헤드 주위를 정으로 때려 빈틈을 없애는 작업을 말한다.

(2) 플러링(Fullering)

기밀을 더욱 완벽하게 하기 위해 강판과 같은 두께의 해머로 때려서 리벳과 재료의 안쪽을 밀착시키는 작업을 말한다.

(3) 리벳팅(Riveting)

일종의 단조작업으로, 결합하고자 하는 판재에 구멍을 뚫어 리벳을 끼우고 해머로 두드려 변형시켜 체결하는 작업을 말한다.

4. 리벳의 강도계산

① 폭이 b인 강판을 1줄 겹치기 리벳이음에서 하중이 P, 리벳의 직경이 d, 리벳의 개수가 n이면 두께 t의 강판에 작용하는 인장응력 $\sigma = \dfrac{P}{(b-nd)t}$ 이다.

② 1줄 겹치기 리벳이음에서 하중이 P, 리벳의 직경이 d, 리벳의 피치가 p이면 두께 t의 강판에 작용하는 인장응력 $\sigma = \dfrac{P}{(p-d)t}$ 이다.

③ 리벳이음 강판의 효율은 다음 식으로 계산된다.

$$\eta_t = 1 - \frac{d}{p}$$

(d: 구멍의 지름, p: 리벳의 피치)

기계직 전문가의 TIP

겹치기 리벳이음에서 강판이 압축될 때 리벳이음강도 $P = \sigma d t n$ (σ: 강판의 압축응력, d: 리벳의 직경, t: 강판의 두께, n: 겹치기이음 줄 수)입니다.

폭이 $500[mm]$인 강판을 1줄 겹치기 리벳이음에서 하중이 $4500[N]$, 리벳의 직경이 $10[mm]$, 리벳의 개수가 5이면 두께 $5[mm]$의 강판에 작용하는 인장응력은?

① $1[MPa]$ ② $2[MPa]$ ③ $3[MPa]$ ④ $4[MPa]$

정답 ②

해설 $\sigma = \dfrac{P}{(b-nd)t} = \dfrac{4500}{(0.5-5\times0.01)\times0.005} = 2000000[Pa] = 2[MPa]$

---

04 용접   출제빈도 ★★

1. 정의

금속이나 플라스틱에 열과 압력을 가해 접합하는 기술을 말한다.

2. 종류

(1) 플러그용접(Plug weld)

접합하고자 하는 모재의 한쪽에 구멍을 뚫어 다른 쪽 모재와 용접하는 것을 말한다.

2) 그루브
움푹 팬 홈으로, 효율적인 용접을 위해 용접하는 모재 사이에 만들어 진 가공부

(2) 그루브[2]용접(Groove weld)

모재 사이에 그루브를 파서 그루브 부위에 용접하는 것을 말한다.

(3) 필릿용접(Fillet weld)

2장의 판을 겹칠 때 생기는 코너 부분을 용접하는 것을 말한다.

(4) 비드용접(Bead weld)

모재에 홈을 가공하지 않고 바로 맞대고 용접하는 것을 말한다.

(5) 슬롯용접(Slot weld)

플러그용접의 구멍 대신에 긴 홈을 만들어 가공하는 것을 말한다.

3. 용접이음의 강도

두께가 t, 용접 부위 길이가 l일 때 용접 부위에 작용하는 전단응력은 다음과 같다.

$$\tau = \frac{P}{A} = \frac{P}{t\cos45°l}$$

▤ 시험문제 미리보기!

겹치기 필릿 용접이음에서 $P = 10[kN]$, 모재 두께 $t = 10[mm]$, 용접 부위 길이 $l = 100[mm]$일 때, 용접 부위에 작용하는 전단응력은?

① 10[MPa]   ② 14[MPa]   ③ 23[MPa]   ④ 44[MPa]

정답 ②

해설 $\tau = \dfrac{P}{t\cos45°l} = \dfrac{10000}{0.01 \times \dfrac{\sqrt{2}}{2} \times 0.1} = 14142135.6[Pa] = 14[MPa]$

05 축
출제빈도 ★★★

1. 정의

물건에 고정된 채로 회전운동을 하는 기계 요소를 말한다.

2. 축 설계 시 고려사항

축 설계 시에는 강도, 진동, 피로강도, 열응력, 집중응력, 부식 등을 고려해야 한다.

3. 축의 설계

(1) 굽힘 모멘트만을 받을 때 중실축의 지름

$$d = \sqrt[3]{\frac{32M}{\pi\sigma_a}}$$

(M: 작용 모멘트, σ_a: 허용응력)

💡 기계직 전문가의 TIP

radian 각도를 degree로 변환하는 방법

• degree = radian × $\dfrac{\pi}{180}$

• radian = degree × $\dfrac{180}{\pi}$

(2) 굽힘 모멘트만을 받을 때 중공축의 지름

$$D = \sqrt[3]{\frac{32M}{\pi\sigma_a(1-r^4)}}$$

(M: 작용 모멘트, σ_a: 허용응력, $r = \frac{d}{D}$(d: 내경, D: 외경))

(3) 비틀림 모멘트만을 받을 때 중실축의 지름

$$d = \sqrt[3]{\frac{16T}{\pi\sigma_a}}$$

(T: 작용 비틀림 모멘트, σ_a: 허용응력)

(4) 비틀림 모멘트만을 받을 때 중공축의 지름

$$D = \sqrt[3]{\frac{16T}{\pi\sigma_a(1-r^4)}}$$

(T: 작용 비틀림 모멘트, σ_a: 허용응력, $r = \frac{d}{D}$(d: 내경, D: 외경))

(5) 상당 굽힘 모멘트와 상당 비틀림 모멘트

굽힘 모멘트와 비틀림 모멘트를 동시에 받을 때 상당한 하나의 굽힘 모멘트 M(상당) $= \frac{1}{2}(M + \sqrt{M^2+T^2})$, 상당한 하나의 비틀림 모멘트 T(상당) $= \sqrt{M^2+T^2}$이다.

▤ 시험문제 미리보기!

하나의 축에 $6[kN \cdot m]$의 굽힘 모멘트와 $8[kN \cdot m]$의 비틀림 모멘트가 동시에 작용할 때의 상당 굽힘 모멘트는?

① $8[kN \cdot m]$　　　　　　　② $10[kN \cdot m]$

③ $16[kN \cdot m]$　　　　　　　④ $24[kN \cdot m]$

정답 　①

해설 　M(상당) $= \frac{1}{2}(6 + \sqrt{6^2+8^2}) = 8[kN \cdot m]$

1. 정의

축과 축을 연결하는 장치로, 원동축의 동력을 종동축에 전달한다.

2. 종류

(1) 플렉시블 커플링(Flexible coupling)

2개의 회전축이 정확한 일직선상에 있지 않은 커플링으로, 가죽 또는 고무를 사용한다.

(2) 유니버설 조인트(Universal joint)

플렉시블 커플링에 비해 두 축이 이루는 각도가 크고 수시로 변할 때 사용한다.

(3) 유체커플링(Fluid coupling)

유체를 매개로 하여 동력을 전달하는 커플링으로, 유체를 케이싱에 가득 채우고 두 임펠러를 반대쪽에 설치한다.

(4) 올덤커플링(Oldham's coupling)

두 축이 평행하거나 두 축의 거리가 가까울 때 사용하는 커플링이다.

(5) 머프커플링(Muff coupling)

키를 끼워서 큰 토크를 전달할 수 있는 간단한 분할구조의 커플링이다.

(6) 셀러커플링(Seller's cone coupling)

바깥원통이 원추형이며, 머프커플링을 개량한 커플링이다.

(7) 클러치(Clutch)

축과 축 사이의 동력을 자유롭게 전달하거나 끊을 수 있다.

> **기계직 전문가의 TIP**
>
> 원판 클러치의 전달토크
>
> $T = \dfrac{\mu n P D_m}{2}, D_m = \dfrac{D_1 + D_2}{2}$
>
> (μ: 마찰계수, P: 미는 힘, n: 접촉면의 개수, D_1: 접촉면의 안지름, D_2: 접촉면의 바깥지름)

📋 시험문제 미리보기!

축방향 하중이 $100[N]$, 접촉면의 개수가 4, 마찰계수가 0.2, 접촉면의 안지름은 $90[mm]$, 바깥지름은 $110[mm]$일 때, 전달되는 토크의 양은?

① $3[N \cdot m]$ ② $4[N \cdot m]$ ③ $5[N \cdot m]$ ④ $6[N \cdot m]$

정답 ②

해설 $T = \dfrac{\mu n P D_m}{2}, D_m = \dfrac{D_1 + D_2}{2} = \dfrac{0.09 + 0.11}{2} = 0.1[m]$

$T = \dfrac{0.2 \times 4 \times 100 \times 0.1}{2} = 4[N \cdot m]$

기계직 전문가의 TIP

레이디얼 베어링은 축에 직각으로 작용하는 하중을, 스러스트 베어링은 축에 평행으로 작용하는 하중을 지지합니다. 테이퍼 베어링은 축에 대하여 직각과 평행한 방향으로 모두 작용하는 하중을 지지하고, 구름 베어링은 볼, 롤러에 의한 구름에 의한 하중을 지지합니다.

기계직 전문가의 TIP

• 틸팅패드 베어링: 여러 개의 패드로 구성되어 있으며, 하중지지 능력은 떨어지지만 동적 안정성이 가장 높은 미끄럼 베어링입니다.
• 원형 베어링: 하중지지 능력이 좋으나 동적 안정성은 가장 좋지 않습니다.
• 타원형 베어링: 하중지지 능력이 좋으며 동적 안정성도 원형 베어링에 비해 증가합니다.
• 멀티로브 베어링: 하중지지 능력은 다소 떨어지나 동적 안정성이 향상됩니다.

기계직 전문가의 TIP

미첼 베어링은 미끄럼 베어링으로, 큰 스러스트하중에 사용합니다.

1. 정의

회전하는 축과 지지하는 부분 사이의 마찰을 줄이기 위한 장치로, 미끄럼이나 볼의 구름을 이용한다.

2. 미끄럼 베어링(Sliding bearing)과 구름 베어링(Rolling bearing)

구분	미끄럼 베어링	구름 베어링
마찰의 크기	마찰이 큼	마찰이 작음
소음	작음	큼
가격	저렴함	비쌈
충격	충격에 강함	충격에 약함
호환성	규격화되지 않음	규격화됨

3. 구름 베어링의 종류

(1) 깊은 홈 볼 베어링(Deep groove ball bearing)

가장 널리 사용되며, 구조가 간단하고 정밀도가 높아 고속회전용으로 사용한다.

(2) 마그네토 볼 베어링(Magneto ball bearing)

외륜궤도면의 한쪽 궤도 홈 턱을 제거하여 분리와 조립이 편리하다.

(3) 앵귤러 볼 베어링(Angular contact ball bearing)

레이디얼하중 외에 스러스트하중을 받는 경우에 적합하다.

(4) 자동조심 볼 베어링

외륜궤도면이 구심으로 되어 있어 자동으로 중심을 맞출 수 있다.

(5) 원통 롤러 베어링(Cylindrical roller bearing)

선접촉을 하므로 중하중, 고속회전에 적합하다.

(6) 테이퍼 롤러[3] 베어링(Taper roller bearing)

전동체로 테이퍼 롤러를 이용하며, 고하중이 가능하다.

(7) 니들 롤러 베어링(Needle roller bearing)

바늘 모양의 롤러를 사용하며 좁은 장소나 충격하중이 있는 곳에 사용하나, 축방향 하중은 지지할 수 없다.

3) 테이퍼 롤러
원통 형태가 아닌 원뿔대 모양의 롤러

4. 엔드저널[4]의 직경

미끄럼 베어링 엔드저널의 길이를 l, 직경을 d, 레이디얼하중을 P라고 하면 베어링 압력 $p = \dfrac{P}{dl}$이다. 엔드저널의 베어링 압력식에서 엔드저널의 직경을 구할 수 있다.

▤▎ 시험문제 미리보기!

저널의 지름은 100[mm], 저널의 길이는 15[mm], 레이디얼하중은 4500[N]일 때, 베어링에 작용하는 압력은?

① 1[MPa]　　　　② 2[MPa]　　　　③ 3[MPa]　　　　④ 4[MPa]

정답 ③

해설 $p = \dfrac{P}{dl} = \dfrac{4500}{0.1 \times 0.015} = 3000000[Pa] = 3[MPa]$

5. 베어링의 한계속도지수

베어링의 회전속도를 제한하기 위한 기준값을 말한다.

$$\text{한계속도지수} = dN$$

(d: 베어링 안지름[mm], N: 축의 최대 사용 회전수[rpm])

▤▎ 시험문제 미리보기!

베어링의 한계속도지수가 250000일 때, 축의 최대 사용 회전수는 5000[rpm]이다. 베어링의 안지름은?

① 40[mm]　　　　② 50[mm]　　　　③ 60[mm]　　　　④ 70[mm]

정답 ②

해설 $d = \dfrac{\text{한계속도지수}}{N} = \dfrac{250000}{5000} = 50[mm]$

4) 엔드저널

축의 끝 부분에 결합되어 있는 베어링

1. 정의

작은 힘을 전달하거나 정확한 회전력을 전달하기보다는 대략의 회전력을 전달하는 장치를 말한다.

2. 종류

(1) 원통마찰차

두 축이 평행하며, 내접형과 외접형 2가지가 있다.

(2) 홈마찰차

두 축이 평행하고 원통형 바퀴의 접촉면에 V자형의 홈이 있다.

(3) 원추마찰차

두 축이 약간의 각도로 교차하면서 회전력을 전달한다.

(4) 무단변속마찰차

원동축의 속도를 일정하게 유지하고 종동축의 회전속도를 자유롭게 변화시킬 수 있는 마찰차로 원판을 이용한 크라운무단변속마찰차, 원추를 이용한 원추무단변속마찰차, 구면을 이용한 구면무단변속마찰차가 있다.

3. 특징

① 전달력이 크지 않고 속도비가 중요하지 않은 경우에 사용한다.
② 양축 간을 자주 단속할 필요가 있는 경우에 사용한다.
③ 회전속도가 빨라서 보통기어를 쓰기 어려운 경우에 사용한다.
④ 효율이 좋지 않다.
⑤ 원동차의 표면은 종동차보다 연한 재료를 사용한다.

4. 계산식

(1) 속도비

$$\frac{N_2}{N_1} = \frac{D_1}{D_2}$$

(2) 외접중심거리

$$\frac{D_1 + D_2}{2}$$

(D_1: 원동차 지름, D_2: 종동차 지름)

(3) 내접중심거리

$$\frac{|D_1 - D_2|}{2}$$

(D_1: 원동차 지름, D_2: 종동차 지름)

(4) 전달동력

$$\mu P v[W] = \frac{\mu P v}{735}[PS]$$

시험문제 미리보기!

회전수의 비 $\dfrac{N_2}{N_1} = 2$일 때, 지름의 비 $\dfrac{D_1}{D_2}$은?

① 0.25　　　　② 0.5　　　　③ 1　　　　④ 2

정답 ④

해설 $\dfrac{N_2}{N_1} = \dfrac{D_1}{D_2}$, $2 = \dfrac{D_1}{D_2}$

09　기어

출제빈도 ★★★

1. 정의

톱니가 맞물리면서 회전력을 전달하는 장치를 말한다.

2. 종류

두 축이 평행한 기어	두 축이 교차하는 기어	두 축이 어긋난 기어
• 스퍼기어 • 평기어 • 헬리컬기어 • 래크와 피니언 • 내접기어 • 더블헬리컬기어	• 베벨기어 • 헬리컬베벨기어 • 스파이럴베벨기어 • 제롤베벨기어 • 앵귤러베벨기어 • 크라운기어	• 나사기어 • 하이포이드기어 • 웜기어

다음 중 두 축이 평행한 기어가 아닌 것은?

① 스퍼기어　　　　② 평기어　　　　③ 베벨기어　　　　④ 래크와 피니언

정답　③
해설　베벨기어는 두 축이 교차한다.

3. 기어 관련 용어

기계직 전문가의 TIP

• 피치원상에서 치형의 접선과 기어의 반경이 이루는 각을 압력각이라고 합니다. 기어의 압력각으로 14.5°, 20°가 많이 쓰입니다.
• 피치원은 모든 계산의 기초가 됩니다.

용어	내용
피치원(Pitch circle)	기어가 맞물리는 지점을 기초로 한 원
원주피치(Circular pitch)	한 개의 이와 다른 이 사이의 원주 길이
이끝원(Addendum circle)	이끝을 연결한 원
이뿌리원(Dedendum circle)	이뿌리 부분을 연결한 원
이뿌리높이(Dedendum)	이뿌리원에서 피치원까지의 거리
뒤틈(Back lash)	이 홈에서 이 두께를 뺀 틈새
이끝틈새(Clearance)	총 이높이에서 유효높이를 뺀 이뿌리 부분의 간격
이끝높이(Addendum)	피치점에서 이끝까지 측정한 거리

4. 계산식

(1) 모듈

$$m = \frac{D}{Z}[mm]$$

(D: 피치원 직경, Z: 기어의 잇수)

(2) 원주피치

$$p = \frac{\pi D}{Z}[mm] = \pi m[mm]$$

(D: 피치원 직경, Z: 기어의 잇수)

(3) 중심거리

$$\frac{D_1 + D_2}{2} = \frac{m(Z_1 + Z_2)}{2}$$

(D: 피치원 직경, Z: 기어의 잇수)

(4) 속도비

$$\frac{N_2}{N_1} = \frac{D_1}{D_2} = \frac{Z_1}{Z_2}$$

(D: 피치원 직경, Z: 기어의 잇수)

📑 시험문제 미리보기!

기어의 중심거리는 $500[mm]$, 원동기어의 잇수는 35, 종동기어의 잇수는 65일 때, 모듈은 얼마인가?

① 2   ② 5   ③ 8   ④ 10

정답 ④

해설 $500 = \frac{m(Z_1 + Z_2)}{2}$, $m = \frac{1000}{Z_1 + Z_2} = \frac{1000}{35 + 65} = 10$

5. 기어의 치형[5]

(1) 사이클로이드(Cycloid)

이의 마멸이 균일하고 효율이 높으며 소음이 작다.

(2) 인벌류트(Involute)

미끄럼이 많고 마멸과 소음이 크나, 정밀도가 높고 호환성이 좋다.

6. 이의 간섭

(1) 정의

큰 기어의 이끝이 피니언의 이뿌리에 부딪혀서 회전할 수 없는 현상을 말한다.

(2) 방지 방법

① 압력각을 크게 한다.
② 이높이를 낮게 한다.
③ 기어의 잇수를 한계잇수 이하로 한다.
④ 기어와 피니언의 잇수비를 작게 한다.

[5] 치형
기어의 이 모양으로, 사이클로이드 곡선 모양으로 만든 사이클로이드 치형과 인벌류트 곡선 모양으로 만든 인벌류트 치형이 있음

해커스공기업 쉽게 끝내는 기계직 기본서

7. 언더컷(Undercut)

(1) 정의

이의 간섭으로 이끝 부분이 이뿌리 부분에 파고 들어갈 때 깎이는 현상을 말한다.

(2) 방지 방법

① 압력각을 크게 한다.
② 이높이를 낮게 한다.
③ 기어의 잇수를 한계잇수 이상으로 한다.

---

10 벨트 출제빈도 ★

1. 벨트

2개 이상의 멀리 떨어진 축과 축 사이에 회전력을 전달하는 기구를 말한다.

2. 평벨트의 이음방법

(1) 가죽끈이음

가죽끈으로 매끈하게 두 축을 연결하는 방법이다.

(2) 이음쇠이음

이음쇠라는 연결장치를 이용하여 두 축 사이를 연결하는 방법이다.

(3) 아교이음

점성이 있는 접착제로 두 축 사이를 연결하는 방법으로, 효율이 75~90[%]로 가장 높다.

(4) 관자볼트이음

작은 고리 모양의 구멍인 관자와 볼트를 연결하여 벨트를 연결하는 방법이다.

3. 벨트의 이상현상

(1) 플래핑(Flapping)

축간거리가 멀고 고속으로 회전할 때 벨트가 파도치는 현상을 말한다.

(2) 크리핑(Creeping)

벨트의 탄성에 의한 미끄럼으로 벨트가 풀리의 림면을 기어가는 현상을 말한다.

4. 벨트의 계산

(1) 유효장력

$$P_e = T_t - T_s$$

(T_t: 긴장측 장력, T_s: 이완측 장력)

(2) 전달동력(긴장측 장력과 이완측 장력이 주어질 때)

$$H = P_e v [W] = \frac{P_e v}{735} [PS]$$

(3) 전달동력(허용인장응력과 장력비가 주어질 때)

$$\sigma_t = \frac{T_t}{bh}, \; T_t = \sigma_t bh, \; H = \frac{T_t}{1000} \left(\frac{e^{\mu\theta} - 1}{e^{\mu\theta}} \right) v$$

(σ_t: 벨트의 허용인장응력, T_t: 벨트의 장력, H: 전달동력, $e^{\mu\theta}$: 장력비, v: 벨트의 속도)

📋 시험문제 미리보기!

평벨트의 긴장측 장력이 $150[N]$, 이완측 장력이 $100[N]$이고, 벨트의 속도가 $5[m/s]$일 때, 전달되는 동력은 몇 $[W]$인가?

① $100[W]$　　　　　② $150[W]$　　　　　③ $200[W]$　　　　　④ $250[W]$

정답 ④

해설 $P_e v = (T_t - T_s)v = (150 - 100)5 = 250[W]$

1. 체인전동

체인을 스프로킷 휠에 걸어 체인과 휠의 이가 서로 맞물리면서 회전력을 전달하는 장치를 말한다.

2. 체인전동의 장단점

(1) 장점

① 미끄러짐이 없다.
② 휠과 스프로킷의 접촉각이 $90°$ 이상이면 좋다.
③ 체인의 길이 조절이 가능하고, 다축전동이 쉽다.
④ 내열과 내습성이 좋다.

(2) 단점

① 고속회전에 적합하지 않다.
② 진동과 소음이 크다.
③ 윤활이 필요하다.

3. 체인의 계산

(1) 속도

$$v = \frac{pZ_1N_1}{60 \times 1000} = \frac{pZ_2N_2}{60 \times 1000}$$

(p: 체인의 피치$[mm]$, Z_1, Z_2: 스프로킷 휠의 잇수, N_1, N_2: 회전수$[rpm]$)

📋 시험문제 미리보기!

스프로킷 휠의 회전수가 $500[rpm]$, 잇수는 60, 피치는 $10[mm]$일 때, 체인의 평균속도는 얼마인가?

① $5[m/s]$ ② $10[m/s]$ ③ $15[m/s]$ ④ $20[m/s]$

정답 ①

해설 $v = \frac{pZ_1N_1}{60 \times 1000} = \frac{10 \times 60 \times 500}{60 \times 1000} = 5[m/s]$

기계직 전문가의 TIP

직접전동장치에는 기어, 마찰차 등이 있고, 간접전동장치에는 벨트, 체인, 로프 등이 있습니다.

기계직 전문가의 TIP

롤러체인의 파단강도
파단강도 $F_B = P \times S$
$H = \frac{Pv}{1000}[kW]$, $P = \frac{1000H}{v}$
(H: 전달동력, P: 유효장력, v: 체인의 평균속도, S: 안전율)

1. 정의

회전하는 요소의 제동장치를 포괄적으로 일컫는 용어이다.

2. 종류

(1) 자동하중 브레이크

① 웜브레이크(Worm brake): 웜기어에 의한 원주상의 힘을 웜축으로 눌러서 제동하는 브레이크

② 나사브레이크(Screw brake): 나사의 추력에 의해 제동하는 브레이크

③ 캠브레이크(Cam brake): 회전하는 캠의 동작에 의해 제동하는 브레이크

④ 원심브레이크(Centrifugal brake): 원심력의 작용으로 제동하는 브레이크

(2) 축압브레이크

① 디스크 브레이크(Disc brake): 원판형 로터의 상호 접촉으로 제동하는 브레이크

② 원추 브레이크(Cone brake): 마찰면이 원추형인 브레이크

(3) 레이디얼브레이크

① 블록브레이크(Block brake): 회전하는 브레이크 드럼에 브레이크 블록을 반지름 방향으로 눌러서 제동하는 브레이크

② 밴드브레이크(Band brake): 밴드에 장력을 주어 브레이크 드럼과 밴드 브레이크 사이의 마찰력으로 제동하는 브레이크

③ 드럼브레이크(Drum brake): 라이닝[6]이 드럼을 접촉하여 제동하는 브레이크

6) 라이닝
드럼식 브레이크에서 드럼을 잡아 주는 역할을 하는 얇은 판

1. 정의

스프링 고무나 금속탄성체를 이용하여 에너지를 흡수 또는 방출하는 기계요소를 말한다.

2. 종류

(1) 코일 스프링(Coiled spring)

제작이 용이하고 가격이 저렴하다.

(2) 판스프링(Leaf spring)

좁고 긴 판을 여러 장 겹쳐서 사용하는 스프링으로, 자동차에 사용된다.

(3) 스파이럴 스프링(Spiral spring)

시계의 태엽 같은 스프링을 말한다.

(4) 벌류트 스프링(Volute spring)

스파이럴 스프링을 연장시킨 것으로, 오토바이에 사용된다.

(5) 접시스프링(Disc spring)

구멍이 뚫려 있는 접시형 스프링을 말한다.

(6) 토션바(Torsion bar)

원형 봉에 비틀림변형을 가하여 복원력이 생기는 원리를 이용한 것으로, 자동차에 사용된다.

(7) 와셔스프링(Washer spring)

볼트나 너트 사이에 사용된다.

3. 압축코일 스프링의 처짐량

압축코일 스프링은 원형 단면의 스프링을 나선 모양으로 꼬아서 길이방향으로 탄성을 가질 수 있게 만든 스프링으로, 처짐량은 다음과 같다.

$$\delta = \frac{64nPR^3}{Gd^4}$$

(n: 유효감김수, P: 축방향 하중$[N]$, R: 코일반경$[mm]$, G: 횡탄성계수, d: 소선직경$[mm]$)

압축코일 스프링에서 코일반경과 소선직경이 각각 2배가 되면 처짐량은 몇 배가 되는가?

① $\frac{1}{2}$배 　　　　② 1배 　　　　③ 2배 　　　　④ 4배

정답 ①

해설 　$\delta_1 = \frac{64nPR^3}{Gd^4}$, $\delta_2 = \frac{64nP(2R)^3}{G(2d)^4} = \frac{1}{2}\frac{64nPR^3}{Gd^4} = \frac{1}{2}\delta_1$, 즉 $\frac{1}{2}$배가 된다.

4. 외팔보형 판스프링의 처짐량

외팔보형 판스프링은 외팔보 형태의 여러 판을 겹쳐서 만든 판 형태의 스프링으로, 처짐량은 다음과 같다.

$$\delta = \frac{6PL^3}{nbh^3E}$$

(L: 외팔보 길이, P: 끝단 하중$[N]$, b: 단면의 폭$[mm]$, E: 종탄성계수, n: 판의 수, h: 두께$[mm]$)

📋 시험문제 미리보기!

외팔보형 판스프링의 두께 h를 2배로 하면 끝단의 처짐량은 몇 배가 되는가?

① $\frac{1}{8}$배 　　　　② $\frac{1}{4}$배 　　　　③ $\frac{1}{2}$배 　　　　④ 2배

정답 ①

해설 　$\delta_1 = \frac{6PL^3}{nbh^3E}$, $\delta_2 = \frac{6PL^3}{nb(2h)^3E} = \frac{1}{8}\frac{6PL^3}{nbh^3E} = \frac{1}{8}\delta_1$, 즉 $\frac{1}{8}$배가 된다.

　　　　(L: 외팔보 길이, P: 끝단 하중$[N]$, b: 단면의 폭$[mm]$, E: 종탄성계수, n: 판의 수, h: 두께$[mm]$)

출제빈도: ★★★ 대표출제기업: 한국동서발전, 한국지역난방공사

01 피치가 5[*mm*]인 4줄 나사를 회전시켰을 때 30[*mm*] 이송하였다면 몇 회전하였는가?

① 1.5회전 　　　　② 2회전 　　　　③ 2.5회전 　　　　④ 3회전

출제빈도: ★★★ 대표출제기업: 서울교통공사, 한국수력원자력

02 240° 회전할 때 2[*mm*] 이송되었다면 피치는 얼마인가? (단, 2줄 나사이다.)

① 1[*mm*] 　　　　② 1.5[*mm*] 　　　　③ 2[*mm*] 　　　　④ 2.5[*mm*]

출제빈도: ★★☆ 대표출제기업: 한국가스공사, 대구도시철도공사

03 다음 중 볼나사의 장점으로 옳지 않은 것은?

① 나사의 효율이 좋다.
② 백래시가 작다.
③ 고속으로 회전해도 소음이 없다.
④ 높은 정밀도를 오랫동안 유지할 수 있다.

출제빈도: ★★☆ 대표출제기업: 서울교통공사, 한국가스공사

04 다음 중 서로 반대방향의 기울기를 가지는 2개의 키를 한 쌍으로 사용하며, 큰 회전력을 전달할 수 있는 키는?

① 스플라인키　　　　② 묻힘키　　　　③ 둥근키　　　　④ 접선키

출제빈도: ★★★ 대표출제기업: 서울교통공사, 한국가스안전공사, 서울시설공단

05 다음 중 리벳팅이 끝난 후 기밀을 위해 리벳헤드 주위를 때려서 밀착시키는 작업은?

① 플러링　　　　② 코킹　　　　③ 커플링　　　　④ 보링

정답 및 해설

01 ①

1회전당 이송량 $l = np = 4 \times 5 = 20[mm]$,

$\frac{30[mm]}{20[mm]} = 1.5$회전

더 알아보기
- 보울트: 바깥 면에 나사산이 있는 수나사
- 너트: 안쪽 면에 나사산이 있는 암나사

02 ②

$\frac{240}{360} \times l = 2, l = 3[mm]$

$p = \frac{l}{n} = \frac{3}{2} = 1.5[mm]$

03 ③

고속으로 회전하면 소음이 커진다.

04 ④

접선키는 축의 접선방향으로 끼우는 키로, 2개의 키를 한 쌍으로 사용한다.

오답노트
① 스플라인키: 축에 평행하게 피치가 동일한 4~20줄의 키 홈을 판 특수 키
② 묻힘키: 축과 보스의 양쪽에 모두 홈을 판 후 끼운다.
③ 둥근키: 핀키라고도 하며, 회전력이 작은 핸들에 사용한다.

05 ②

코킹은 기밀을 위해 틈을 없애는 작업이다.

오답노트
① 플러링: 기밀을 더욱 완벽하게 하기 위해 큰 너비의 공구로 때리는 작업
③ 커플링: 축과 축 사이를 연결하여 회전력을 전달하는 장치
④ 보링: 이미 만들어진 구멍을 넓히는 작업

출제빈도: ★★☆ 대표출제기업: 부산교통공사, 한전KPS

06 폭이 400[mm]인 강판을 1줄 겹치기 리벳이음에서 하중이 6000[N], 리벳의 직경이 10[mm], 리벳의 개수가 10이면 두께 20[mm]의 강판에 작용하는 인장응력은 얼마인가?

① 0.1[MPa]   ② 0.5[MPa]   ③ 1[MPa]   ④ 1.5[MPa]

출제빈도: ★★☆ 대표출제기업: 서울교통공사, 부산교통공사, 한국에너지공단

07 다음과 같은 겹치기 필릿 용접이음에서 용접 부위에 허용되는 최대 전단응력은 100[MPa]이다. 이때 필요한 용접 길이는? (단, 판의 두께는 20[mm], 작용하중은 707[kN], cos45° = 0.707이다.)

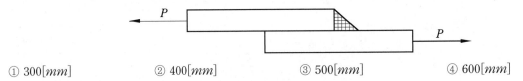

① 300[mm]   ② 400[mm]   ③ 500[mm]   ④ 600[mm]

출제빈도: ★★☆ 대표출제기업: 서울교통공사, 한전KPS, 한국가스안전공사

08 비틀림 모멘트 4만을 받는 중공축의 외경은 얼마인가? (단, 내경과 외경의 비 $\frac{d}{D}$의 4제곱은 0.5이고, π는 3, 허용응력은 $\frac{2}{3}$로 한다.)

① 0.5   ② 2   ③ 4   ④ 8

출제빈도: ★★☆ 대표출제기업: 부산교통공사, 서울주택도시공사, 광주광역시도시철도공사

09 다음과 같은 경우에 사용할 수 있는 커플링은?

축 1

축 2

① 올덤커플링   ② 유니버설 조인트   ③ 플랜지커플링   ④ 머프커플링

정답 및 해설

06 ③

$$\sigma = \frac{P}{(b-nd)t} = \frac{6000}{(0.4 - 10 \times 0.01) \times 0.02} = 1000000 [Pa] = 1[MPa]$$

07 ③

$$\tau = \frac{P}{t\cos45° l} ,$$

$$l = \frac{P}{\tau \times t\cos45°} = \frac{707000}{100000000 \times 0.02 \times 0.707} = 0.5[m] = 500[mm]$$

더 알아보기

용접이음은 기밀성과 이음효율이 좋고, 소량 다품종 생산에 적합하며 제작비가 저렴하다는 장점이 있다. 반면에 용접 부위의 비파괴검사가 어렵고 고열이 발생하여 변형되기 쉬우며, 재질이 변화하고 진동에 취약하다는 단점이 있다.

08 ③

$$D = \sqrt[3]{\frac{16T}{\pi\sigma_a(1-r^4)}} , \quad r^4 = \left(\frac{d}{D}\right)^4 = 0.5$$

$$D = \sqrt[3]{\frac{16 \times 4}{3 \times \frac{2}{3}(1-0.5)}} = \sqrt[3]{\frac{16 \times 4}{1}} = 4$$

09 ①

올덤커플링은 두 축이 평행하고 중심이 일치하지 않을 때 사용할 수 있다.

오답노트

② 유니버설 조인트: 원동축과 종동축이 약간 떨어져 있거나 나란하지 않을 때 사용하는 커플링

③ 플랜지커플링: 양축의 끝에 플랜지를 억지 끼워맞춤하고 그 플랜지를 연결하는 커플링

④ 머프커플링: 두 축이 일직선상에 있을 때 슬리브와 키로 고정하는 커플링

출제빈도: ★☆☆ 대표출제기업: 한국가스공사, 서울주택도시공사

10 축방향 하중은 50[N], 접촉면의 개수는 4, 마찰계수는 0.2, 접촉면의 바깥지름은 120[mm]일 때, 전달되는 토크의 양이 4[$N \cdot m$]라면 접촉면의 안지름은 얼마인가?

① 0.06[m]　　　　② 0.19[m]　　　　③ 0.22[m]　　　　④ 0.28[m]

출제빈도: ★★★ 대표출제기업: 서울교통공사, 한국수력원자력, 한국가스공사

11 다음 중 구름 베어링의 특수한 형태의 미끄럼 베어링으로 고부하 하중에 잘 견디는 베어링은?

① 니들 롤러 베어링　　　② 앵귤러 볼 베어링　　　③ 마그네토 볼 베어링　　　④ 미첼 베어링

출제빈도: ★★☆ 대표출제기업: 한국남동발전, 서울교통공사

12 베어링의 한계속도지수가 50000일 때, 베어링의 안지름은 50[mm]이다. 축의 최대 사용 회전수는 몇 [rpm]인가?

① 1000[rpm]　　　　② 2000[rpm]　　　　③ 3000[rpm]　　　　④ 4000[rpm]

출제빈도: ★★☆ 대표출제기업: 서울교통공사, 한국수력원자력, 서울시설공단

13 외접 마찰차에서 축간거리는 1000[mm]이고, 원동차의 회전수는 200[rpm], 종동차의 회전수는 300[rpm]이다. 원동차와 종동차의 직경을 순서대로 바르게 나열한 것은?

① 1200[mm], 800[mm]　　　　　　② 1100[mm], 900[mm]

③ 1000[mm], 1000[mm]　　　　　　④ 1300[mm], 700[mm]

출제빈도: ★★★ 대표출제기업: 한국수력원자력, 한국가스공사, 대전교통공사

14 모듈이 8이고, 원동측 기어의 잇수는 80, 중심거리는 800[mm]이다. 종동측 기어의 잇수는 얼마인가?

① 60　　　　　　　② 80　　　　　　　③ 100　　　　　　　④ 120

정답 및 해설

10 ④

$$T = \frac{\mu n P D_m}{2}, D_m = \frac{2T}{\mu n P} = \frac{2 \times 4}{0.2 \times 4 \times 50} = 0.2[m]$$

$$D_m = \frac{D_1 + D_2}{2}, D_1 = 2D_m - D_2 = 0.4 - 0.12 = 0.28[m]$$

11 ④

미첼 베어링은 가동편형 베어링으로 큰 스러스트하중에 쓰인다.

오답노트

① 니들 롤러 베어링: 직경에 비해 얇고 긴 원통형 롤러가 있으며, 높은 하중지지력이 있다.

② 앵귤러 볼 베어링: 표준 접촉각이 30°이고, 자동 중심 조절을 할 수 없다.

③ 마그네토 볼 베어링: 소형 발전기용으로 개발된 베어링으로 외륜, 내륜, 볼 부착 유지기로 분리할 수 있어 조립 및 분리가 용이하다.

12 ①

$$N = \frac{한계속도지수}{d} = \frac{50000}{50} = 1000[rpm]$$

13 ①

$$\frac{N_2}{N_1} = \frac{D_1}{D_2}, \frac{D_1}{D_2} = \frac{300}{200}, D_1 = \frac{3}{2}D_2$$

$$1000 = \frac{D_1 + D_2}{2} \ (D_1: 원동차 지름, D_2: 종동차 지름),$$

$$1000 = \frac{\frac{3}{2}D_2 + D_2}{2} = \frac{5D_2}{4},$$

$$D_2 = 800[mm], D_1 = \frac{3}{2}D_2 = 1200[mm]$$

14 ④

$$\frac{m(Z_1 + Z_2)}{2} = 중심거리 = 800[mm],$$

$$Z_1 + Z_2 = 800 \times \frac{2}{m} = 800 \times \frac{2}{8} = 200$$

$$Z_1 = 80, Z_2 = 200 - 80 = 120$$

더 알아보기

유성기어는 태양기어의 주위에 행성기어, 캐리어가 있어 크기는 소형이지만 큰 동력을 전달할 수 있다.

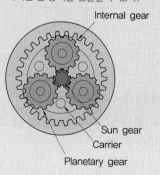

Internal gear
Sun gear
Carrier
Planetary gear

출제빈도: ★★★ 대표출제기업: 부산교통공사, 한국가스공사, 한국석유공사

15 벨트의 이완측 장력은 긴장측 장력의 0.5배이고, 벨트의 속도는 10[m/s]일 때 전달되는 동력은 5[kW]이다. 이완측 장력은 얼마인가?

① 200[N]   ② 300[N]   ③ 400[N]   ④ 500[N]

출제빈도: ★★☆ 대표출제기업: 한국수력원자력, 부산교통공사

16 스프로킷 휠의 잇수는 60, 피치는 10[mm], 체인의 평균속도는 6[m/s]일 때 휠의 회전수는 몇 [rpm]인가?

① 600[rpm]   ② 800[rpm]   ③ 1000[rpm]   ④ 1200[rpm]

출제빈도: ★☆☆ 대표출제기업: 한국남동발전, 한국지역난방공사

17 압축코일 스프링에서 소선직경 d는 2배로, 코일의 반경 R은 3배로 증가하면 축방향 하중 P에 대하여 처짐량은 변경 전의 처짐량의 몇 배가 되는가?

① $\frac{9}{4}$배   ② $\frac{27}{4}$배   ③ $\frac{27}{16}$배   ④ $\frac{8}{27}$배

출제빈도: ★★☆ 대표출제기업: 한국수력원자력, 부산교통공사

18 롤러체인이 10[kW]를 전달할 수 있을 때, 롤러체인의 파단하중은 몇 [kN]인가? (단, 롤러체인의 평균속도는 4[m/s], 안전율은 10으로 한다.)

① 10[kN]   ② 12[kN]   ③ 15[kN]   ④ 25[kN]

출제빈도: ★☆☆ 대표출제기업: 한국가스공사, 서울주택도시공사

19 300[rpm]으로 돌아가는 회전축에 10[kN]의 하중을 받는 엔드저널베어링에서 압력속도계수 $pv = 3[N/mm^2 \cdot m/s]$, 축의 허용응력은 50[MPa]일 때 저널의 길이는 얼마인가? (단, $\pi = 3.14$이다.)

① 32[m]　　　　② 45.3[m]　　　　③ 52.3[m]　　　　④ 65.6[m]

정답 및 해설

15 ④

$P_e v = (T_t - T_s)v = (T_t - 0.5T_t)10 = 5000[W]$

$5T_t = 5000[W], \ T_t = 1000[N], \ T_s = 1000 \times 0.5 = 500[N]$

16 ①

$N_1 = \dfrac{60 \times 1000 \times v}{pZ_1} = \dfrac{60 \times 1000 \times 6}{10 \times 60} = 600[rpm]$

17 ③

$\delta_1 = \dfrac{64nPR^3}{Gd^4}, \ \delta_2 = \dfrac{64nP(3R)^3}{G(2d)^4} = \dfrac{27 \times 64nPR^3}{16Gd^4} = \dfrac{27}{16}\delta_1,$

즉 $\dfrac{27}{16}$배가 된다.

18 ④

$H = \dfrac{Pv}{1000}[kW], \ P = \dfrac{1000H}{v} = \dfrac{1000 \times 10}{4} = 2500[N]$

파단강도 $F_B = P \times S = 2500 \times 10 = 25000[N] = 25[kN]$

(H: 전달동력, P: 유효장력, v: 체인의 평균속도, S: 안전율)

19 ③

$v = \dfrac{\pi dN}{1000 \times 60}, \ pv = \dfrac{P}{dl} \times \dfrac{\pi dN}{1000 \times 60} = \dfrac{\pi PN}{60000l}[N/mm^2 \cdot m/s]$

$l = \dfrac{\pi PN}{60000pv} = \dfrac{\pi \times 10000 \times 300}{60000 \times 3} = 52.3[m]$

출제빈도: ★☆☆　대표출제기업: 한전KPS, 한국가스공사

20 다음 중 여러 개의 패드로 구성되어 있으며, 하중지지 능력은 떨어지지만 동적 안정성이 가장 높은 미끄럼 베어링은?

① 타원형 베어링　　　② 틸팅패드 베어링　　　③ 원형 베어링　　　④ 멀티로브 베어링

출제빈도: ★★☆　대표출제기업: 한국수력원자력, 부산교통공사

21 리벳이음에서 피치가 18[mm], 리벳구멍의 지름이 9[mm]일 때, 강판의 효율은?

① 40[%]　　　② 50[%]　　　③ 70[%]　　　④ 80[%]

출제빈도: ★☆☆　대표출제기업: 한국남동발전, 한국지역난방공사

22 다음 중 베어링의 작용하중의 방향에 따른 분류가 아닌 것은?

① 레이디얼 베어링　　　　　② 스러스트 베어링
③ 테이퍼 베어링　　　　　④ 구름 베어링

출제빈도: ★★☆　대표출제기업: 서울교통공사, 한전KPS, 한국가스안전공사

23 표준기어에서 원동기어의 피치원 지름은 100[mm], 종동기어의 피치원 지름은 400[mm]일 때, 속도비는?

① $\frac{1}{4}$　　　② $\frac{1}{2}$　　　③ 2　　　④ 4

출제빈도: ★☆☆ 대표출제기업: 한전KPS, 한국가스공사

24 평벨트의 $b = 100[mm]$, $h = 2[mm]$이며 벨트의 속도는 $5[m/s]$, 벨트의 허용인장응력은 $2.5[MPa]$일 때, 전달동력은 얼마인가? (단, 장력비는 2이며 원심력은 무시한다.)

① $1.25[kW]$ ② $2.5[kW]$ ③ $3.5[kW]$ ④ $4[kW]$

정답 및 해설

20 ②

오답노트

① 타원형 베어링: 하중지지 능력이 좋으며 동적 안정성도 원형 베어링에 비해 증가한다.

③ 원형 베어링: 하중지지 능력이 좋으나 동적 안정성은 가장 좋지 않다.

④ 멀티로브 베어링: 하중지지 능력은 다소 떨어지나 동적 안정성이 향상된다.

21 ②

리벳이음 강판의 효율 $\eta_t = 1 - \dfrac{d}{p}$ (d: 구멍의 지름, p: 리벳의 피치)

$\eta_t = 1 - \dfrac{d}{p} = 1 - \dfrac{9}{18} = 1 - 0.5 = 0.5$, 즉 50[%]이다.

22 ④

구름 베어링은 볼, 롤러에 의한 구름에 의한 하중을 지지한다.

오답노트

① 레이디얼 베어링: 축에 직각으로 작용하는 하중을 지지한다.

② 스러스트 베어링: 축에 평행으로 작용하는 하중을 지지한다.

③ 테이퍼 베어링: 축에 대하여 직각과 평행한 방향으로 모두 작용하는 하중을 지지한다.

23 ①

속도비 $= \dfrac{N_2}{N_1} = \dfrac{D_1}{D_2} = \dfrac{Z_1}{Z_2}$ (1: 원동기어, 2: 종동기어)

$\therefore \dfrac{100}{400} = \dfrac{1}{4}$

24 ①

$\sigma_t = \dfrac{T_t}{bh}$, $T_t = \sigma_t bh = 2.5 \times 10^6 \times 0.1 \times 0.002 = 500[N]$,

$H = \dfrac{T_t}{1000}\left(\dfrac{e^{\mu\theta}-1}{e^{\mu\theta}}\right)v = \dfrac{500}{1000}\left(\dfrac{2-1}{2}\right) \times 5 = 1.25[kW]$

해커스공기업 쉽게 끝내는 기계직 기본서

공기업 취업의 모든 것, **해커스공기업**
public.Hackers.com

❗ 기출동형모의고사 3회독 가이드

① 해커스잡 애플리케이션의 모바일 타이머를 이용하여 1회분당 50문항을 100분 안에 풀어보세요.

② 문제를 풀 때는 문제지에 풀지 말고 교재 맨 뒤에 수록된 회독용 답안지를 절취하여 답안지에 정답을 체크하고 채점해 보세요. 채점할 때는 p.238의 '바로 채점 및 성적 분석 서비스' QR코드를 스캔하여 응시인원 대비 본인의 성적 위치를 확인할 수 있습니다.

③ 채점 후에는 회독용 답안지의 각 회차에 대하여 정확하게 맞은 문제[O], 찍었는데 맞은 문제[△], 틀린 문제[X] 개수를 표시해 보세요.

④ 찍었는데 맞았거나 틀린 문제는 해설의 출제포인트를 활용하여 이론을 복습하세요.

⑤ 이 과정을 3번 반복하면 공기업 기계직을 모두 내 것으로 만들 수 있습니다.

PART 2

기출동형모의고사

01 다음 중 나사의 자립조건이 아닌 것은?

① 마찰각(ρ) ≥ 리드각(λ)

② $\tan\rho \geq \tan\lambda$

③ μ(나사면의 마찰계수) ≤ $\tan\lambda$

④ $\dfrac{l(리드)}{\pi d_e(유효지름)} \leq \mu$

⑤ $\mu \geq \dfrac{n(줄\ 수)p(피치)}{\pi d_e(유효지름)}$

02 볼트에 축방향의 인장응력이 $30[MPa]$이고, 비틀림에 의한 전단응력이 $20[MPa]$일 때, Rankine의 주응력설에 의하여 최대인장응력을 구하면?

① $20[MPa]$ ② $25[MPa]$

③ $30[MPa]$ ④ $35[MPa]$

⑤ $40[MPa]$

03 측면 필릿 용접이음을 했을 때 용접부가 받는 하중의 계산식으로 옳은 것은?

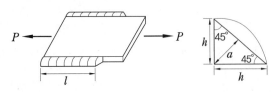

① $0.414\tau hl$ ② $0.707\tau hl$

③ $0.75\tau hl$ ④ $1.414\tau hl$

⑤ $1.618\tau hl$

04 일반 전동축에서 베어링 간격이 클 때는 축이나 기어 등의 자중으로 인해 축의 처짐이 생긴다. 다음 중 이 처짐이 어느 한도를 넘어서 생기는 결과로 옳지 않은 것은?

① 베어링 내부의 압력분포가 불균일하여 과열되고, 그로 인해 불량이 생긴다.

② 원심력에 의한 내력이 축에 부가된다.

③ 벨트의 장력이 감소하여 동력을 전달할 수 없게 된다.

④ 자중이나 부착물에 의한 편심력이 감소한다.

⑤ 기어가 끼워져 있을 때는 정확한 이물림이 불가능하다.

05 중심거리가 $300[mm]$인 한 쌍의 스퍼기어에서 소기어의 잇수가 50개일 때 대기어에 대한 소기어의 속도비는 얼마인가? (단, 모듈은 4이다.)

① 0.5   ② 1   ③ 1.5   ④ 2   ⑤ 2.5

06 다음과 같은 보에서 A, B에서의 반력의 비($\dfrac{R_a}{R_b}$)로 옳은 것은?

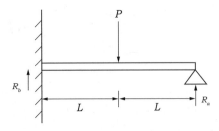

① $\dfrac{13}{5}$ ② $\dfrac{11}{5}$ ③ $\dfrac{9}{5}$ ④ $\dfrac{7}{5}$ ⑤ $\dfrac{3}{5}$

07 원통형 압력용기의 내압이 p, 안지름이 d, 두께가 t 일 때, 원주방향과 축방향 인장응력의 크기를 바르게 연결한 것은?

원주방향	축방향
① $\dfrac{pd}{4t}$	$\dfrac{pd}{2t}$
② $\dfrac{pd}{2t}$	$\dfrac{pd}{4t}$
③ $\dfrac{pd}{2t}$	$\dfrac{pd}{2t}$
④ $\dfrac{pd}{4t}$	$\dfrac{pd}{4t}$
⑤ $\dfrac{pd}{t}$	$\dfrac{pd}{4t}$

08 길이가 L인 외팔보의 끝단에 하중 P가 작용할 때의 최대 처짐량 δ_1과, 길이가 L인 양단 단순지지보의 중앙에 하중 P가 작용할 때의 최대 처짐량 δ_2의 비 $\dfrac{\delta_1}{\delta_2}$ 은 얼마인가?

① $\dfrac{1}{8}$ ② $\dfrac{1}{4}$ ③ 4   ④ 10   ⑤ 16

09 다음 중 길이가 L, 단면의 폭이 b, 단면의 높이가 h 인 양단 고정보의 중앙에 집중하중 P가 작용할 때 최대굽힘응력의 식으로 옳은 것은?

① $\dfrac{3PL}{bh^2}$ ② $\dfrac{3PL}{2bh^2}$

③ $\dfrac{3PL}{4bh^2}$ ④ $\dfrac{PL}{3bh^2}$

⑤ $\dfrac{4PL}{3bh^2}$

10 다음 중 사이클에 대한 설명으로 옳지 않은 것은?

① 카르노사이클의 효율은 $1 - \dfrac{T_2}{T_1}$(T_1: 고온부의 온도, T_2: 저온부의 온도)이다.

② 오토사이클은 가솔린기관의 기본 사이클이다.

③ 브레이턴 사이클은 가스터빈의 기본 사이클이다.

④ 랭킨사이클은 증기 원동기의 기본 사이클이다.

⑤ 재열사이클이 있는 랭킨사이클은 열효율이 낮아진다.

11 다음 빈칸에 들어갈 알맞은 용어를 고른 것은?

> 랭킨사이클(Rankine cycle)은 두 개의 (   )과정 과 두 개의 (   )과정으로 이루어져 있다.

① 단열, 등압   ② 단열, 등온

③ 등압, 등온   ④ 등엔탈피, 등온

⑤ 등엔트로피, 등압

12 부피 3$[m^3]$, 압력 0.4$[MPa]$, 온도 200$[K]$의 이상 기체 공기가 어떤 용기 안에 들어 있을 때 이 공기의 질량은 얼마인가? (단, 특별기체상수 $\overline{R} = 0.3$ $[kJ/kg \cdot K]$이다.)

① 10$[kg]$ ② 20$[kg]$

③ 30$[kg]$ ④ 40$[kg]$

⑤ 50$[kg]$

13 다음 중 냉매의 상태에 대한 설명으로 옳은 것을 모두 고르면?

<보기>

㉠ 과열증기: 포화증기를 가열하여 증기의 온도를 높였다.

㉡ 습증기: 증기와 수분이 섞여 있으며, 불포화온도 상태이다.

㉢ 포화증기: 수분이 모두 증발한 증기이다.

㉣ 압축수: 포화온도 상태이며, 건도는 0이다.

① ㉠   ② ㉠, ㉡
③ ㉠, ㉢   ④ ㉡, ㉢
⑤ ㉢, ㉣

14 유량이 75[m^3/min], 유효낙차가 120[m]인 수차의 최대 출력은? (단, 물의 비중량은 1000[kg_f/m^3]이다.)

① 50[PS]   ② 80[PS]
③ 100[PS]   ④ 150[PS]
⑤ 200[PS]

15 다음 중 밸브에 대한 설명으로 옳지 않은 것은?

① 체크밸브는 역류방지밸브이다.

② 릴리프밸브는 발전소의 도입관이나 상수도의 주관에 사용한다.

③ 슬루스밸브는 지름이 큰 관이나 밸브를 자주 개폐할 필요가 없는 경우에 사용한다.

④ 정지밸브는 양정이 짧고 개폐가 빠르다.

⑤ 스로틀밸브는 통로의 면적을 여러 가지로 변화시켜서 유체의 흐름을 조절한다.

16 다음 중 내열금속으로 사용하기 어려운 것은?

① 텅스텐   ② 몰리브덴
③ 갈륨   ④ 바나듐
⑤ 지르코늄

17 다음 중 용접에 대한 설명으로 옳지 않은 것은?

① 플라즈마 아크용접은 발열량의 조절이 어려워 두꺼운 판의 용접에 유리하다.

② 업셋용접은 작은 단면적의 선, 봉, 관의 용접에 유리하다.

③ 전자빔용접은 진공상태에서 용접을 실시한다.

④ 프로젝션용접은 판금공작물을 용접하는 데 적합하다.

⑤ 일렉트로슬래그용접은 용융 슬래그의 전기저항 발열을 이용한다.

18 다음과 같은 벤투리관에 물이 흐르고 있다. A에서의 유속이 2[m/s]일 때, B에서의 유속은 얼마인가? (단, 대기압은 무시하며 g = 10[m/s^2]이다.)

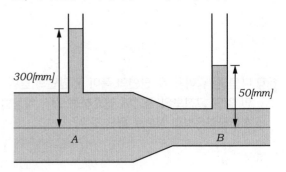

300[mm]

50[mm]

A B

① 1[m/s]   ② 2[m/s]
③ 3[m/s]   ④ 4[m/s]
⑤ 5[m/s]

19 다음 중 유체기계에 대한 설명으로 옳지 않은 것은?

① 유체의 빠른 속도로 인해 내부 압력이 낮아져 기체가 발생하는 현상을 캐비테이션이라고 한다.

② 유속이 빨라 압력파가 형성되어 망치처럼 유체가 관로를 때리는 현상을 수격현상이라고 한다.

③ 제어밸브의 급조작으로 인해 유체의 송출량과 압력이 주기적으로 변하는 현상을 유체고착현상이라고 한다.

④ 유체 압력의 증감에 의해 높은 소음과 진동이 발생하는 현상을 채터링현상이라고 한다.

⑤ 유체가 불규칙한 운동을 하면서 흐르는 현상을 난류현상이라고 한다.

20 다음 중 주철에 대한 설명으로 옳은 것은?

① 탄소 함량이 3[%] 이상이다.

② 백주철은 주철이 급랭할 때 탄소가 시멘타이트의 형태로 남으며 흑연이 거의 존재하지 않는다.

③ 가단주철은 탄소가 주로 흑연의 상태로 되어 있으며, 주조성이 뛰어나다.

④ 회주철은 백주철의 주물을 열처리하여 인성을 향상시켜서 단조가 가능하다.

⑤ 구상흑연주철은 용융상태의 주철에 니켈, 크롬을 첨가하여 흑연을 구상화한 것이다.

21 다음 중 물체의 부피에 곱했을 때 물질의 무게가 되는 것은?

① 밀도
② 압력
③ 비중
④ 비중량
⑤ 비체적

22 반지름이 R인 원판의 반지름을 $2R$로 하였다. 원판의 회전속도를 절반으로 줄였을 때 원판 끝의 선속도는 몇 배가 되는가?

① 0.5배
② 1배
③ 1.5배
④ 2배
⑤ 4배

23 수평면의 스프링상수 k의 스프링 끝에 질량 m의 추가 달려 있다. 질량을 4배로 하면 스프링의 진동 주기는 몇 배가 되는가?

① 1배
② 1.5배
③ 2배
④ 2.5배
⑤ 3배

24 다음 중 용어와 설명이 잘못 연결된 것은?

① 경도: 재료의 딱딱한 정도

② 강도: 재료가 변형되거나 파괴되기까지 견디는 하중

③ 크리프: 시간이 지나면서 재료의 변형이 계속되는 현상

④ 취성: 재료가 쉽게 부서지는 성질

⑤ 피로파괴: 인장 시와 압축 시 항복응력이 달라지는 현상

25 다음 중 열간가공과 냉간가공을 비교한 내용으로 옳지 않은 것은?

	열간가공	냉간가공
①	가공에 필요한 에너지가 작다.	가공에 필요한 에너지가 크다.
②	재결정온도 이상에서 가공한다.	재결정온도 이하에서 가공한다.
③	가공 면이 매끈하다.	표면산화물의 발생이 많다.
④	균일성이 감소한다.	강도 및 경도가 증가한다.
⑤	소성가공이 용이하다.	제품의 치수가 정밀하다.

26 금속재료의 열처리 중 불림에 대한 설명으로 옳은 것은?

① 마텐자이트조직을 만든다.

② 담금질 이후 적당한 온도로 재가열한 후 공기 중에서 서냉시켜 내부응력을 제거한다.

③ 내부균열을 제거하고 결정입자를 미세화하여 전연성을 높인다.

④ 오스테나이트화 후 공기 중에서 냉각하여 조직을 미세화한다.

⑤ 높은 온도로 가열한 후 물이나 기름에 급랭시킨다.

27 두께 0.1[m], 열전도도 4[W/m·K]인 벽이 있다. 벽 안쪽의 온도는 1300[K]이고 바깥쪽의 온도는 1000[K]이다. 정상상태에서 높이가 1[m], 폭이 2[m]인 벽의 열전도율은 얼마인가?

① 14[kW] 　　 ② 24[kW]

③ 33[kW] 　　 ④ 47[kW]

⑤ 56[kW]

28 다음 설명에 해당하는 금속은?

> - 분말야금법으로 제조된다.
> - 내마멸성이 좋다.
> - 고온에서 변형에 대한 저항이 강하다.

① 아연 　　　 ② 텅스텐

③ 알루미늄 　 ④ 니켈

⑤ 크롬

29 단면적이 30[cm^2]이고 길이가 3[m]인 사각봉에 6000[N]의 인장하중이 축방향으로 작용할 때, 하중방향의 늘어난 길이는 몇 [cm]인가? (단, 재료의 탄성계수는 3 × 10⁴[N/cm^2]이다.)

① 1　　② 1.25　　③ 1.5　　④ 1.75　　⑤ 2

30 다음 중 w의 균일분포하중을 받는 단순지지보의 최대 처짐량에 대한 설명으로 옳지 않은 것은?

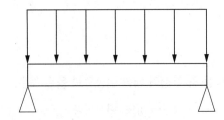

① 처짐의 식에 384라는 숫자가 들어간다.

② 균일분포하중의 크기에 비례한다.

③ 탄성계수에 반비례한다.

④ 단면2차모멘트에 반비례한다.

⑤ 보의 길이의 세제곱에 비례한다.

31 다음 중 프와송의 수에 대한 설명으로 옳은 것은?

① 세로변형률과 가로변형률을 곱한 값이다.

② 프와송의 비를 세로변형률로 나눈 값이다.

③ 세로변형률을 가로변형률로 나눈 값이다.

④ 0.5 이하의 값을 가진다.

⑤ 프와송의 비에 가로변형률을 곱한 값이다.

32 3줄 나사의 피치가 0.2[mm]일 때 이 나사의 리드는 몇 [mm]인가?

① 0.6 ② 0.8 ③ 1 ④ 1.2 ⑤ 1.6

33 다음 중 수나사의 편심을 방지하는 너트는?

① 아이너트
② 둥근너트
③ 슬리브너트
④ 캡너트
⑤ 나비너트

34 다음 그림에서 A, B의 작업명을 바르게 연결한 것은?

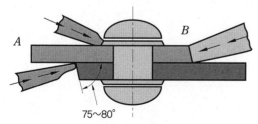

	A	B
①	리밍	리벳팅
②	플러링	리벳팅
③	코킹	리벳팅
④	코킹	플러링
⑤	플러링	코킹

35 한 쌍의 스퍼기어를 이용하여 감속하려고 한다. 표준 스퍼기어의 중심거리는 400[mm], 작은 기어의 피치원 지름은 200[mm], 모듈은 3일 때 큰 기어의 잇수는?

① 40개
② 80개
③ 100개
④ 150개
⑤ 200개

36 다음 중 평행축 기어가 아닌 것은?

① 스퍼기어
② 래크와 피니언
③ 하이포이드기어
④ 헬리컬기어
⑤ 내접기어

37 다음 중 구름 베어링에 대한 설명으로 옳은 것은?

① 유체에 의한 미끄러짐을 이용한다.
② 표준화된 규격제품이 많지 않다.
③ 유지보수가 쉽다.
④ 고속회전에 적합하다.
⑤ 회전을 시작할 때 마찰저항이 작다.

38 스프링상수가 100[N/cm]인 압축코일 스프링의 길이가 원래 길이의 $\frac{1}{2}$이 되었다. 새로운 스프링상수는 얼마인가?

① 50[N/cm]
② 100[N/cm]
③ 150[N/cm]
④ 200[N/cm]
⑤ 400[N/cm]

39 원통형 중실축이 비틀림 모멘트만 받는다고 할 때, 축 지름을 3배로 하면 전달되는 토크는 몇 배가 되는가?

① 3배 ② 8배
③ 9배 ④ 16배
⑤ 27배

40 원통형 용기에서 원통의 안지름이 $200[mm]$, 판의 두께가 $3[mm]$이고, $0.06[kg/mm^2]$의 내압을 받을 때 원주방향의 응력은 몇 $[kg/mm^2]$인가?

① 2 ② 3 ③ 4 ④ 5 ⑤ 6

41 다음 공구재료 중 고온에서 경도가 가장 높은 것은?

① 초경합금 ② 다이아몬드
③ 탄소공구강 ④ 세라믹공구
⑤ 고속도강

42 다음 그림과 같은 하중이 작용할 때 보에서 발생하는 최대 굽힘 모멘트는?

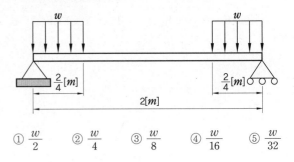

① $\frac{w}{2}$ ② $\frac{w}{4}$ ③ $\frac{w}{8}$ ④ $\frac{w}{16}$ ⑤ $\frac{w}{32}$

43 다음 중 열용량에 대한 열전도율의 비를 나타내는 용어는?

① 정적비열 ② 정압비열
③ 열유속 ④ 헨리상수
⑤ 열확산율

44 다음 중 방전가공의 특징으로 옳은 것은?

① 경도가 높은 물질은 가공할 수 없다.
② 흑연 전극재료의 성능이 좋고 소모가 빠르다.
③ 복잡한 형상은 가공이 어렵다.
④ 공작물이 비전도체라도 가공할 수 있다.
⑤ 전극가공이 쉽다.

45 다음 중 과도전도에서 사용되는 푸리에수(Fourier number)는?

① $\dfrac{U}{a}$

② $\dfrac{c_p \mu}{k}$

③ $\dfrac{\rho v^2}{P}$

④ $\dfrac{V}{\sqrt{gL}}$

⑤ $\dfrac{at}{L_c^{\,2}}$

46 단면 A의 넓이는 $300[mm^2]$, 단면 B의 넓이는 $200[mm^2]$일 때, 평형을 유지하기 위한 $\dfrac{F_A}{F_B}$의 값은 얼마인가?

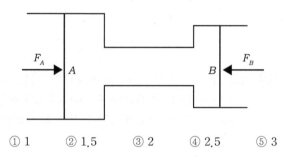

① 1　　② 1.5　　③ 2　　④ 2.5　　⑤ 3

47 비압축 정상유동의 관 흐름에서 단면 1의 면적은 $50[cm^2]$이고 유속은 $10[cm/s]$이다. 단면 2의 면적은 $10[cm^2]$라고 할 때, 단면 1과 단면 2의 압력 차이는 얼마인가? (단, 유체의 밀도는 $1000[kg/m^3]$이다.)

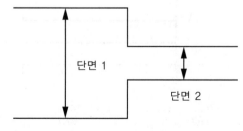

① $40[Pa]$　　② $60[Pa]$

③ $80[Pa]$　　④ $100[Pa]$

⑤ $120[Pa]$

48 $800[K]$ 고온과 $480[K]$ 저온 사이에서 작동하는 카르노사이클의 최대 효율은?

① 0.1　　② 0.2　　③ 0.3　　④ 0.4　　⑤ 0.5

49 다음 중 가스터빈의 기본 사이클에 해당하는 것은?

① 랭킨사이클

② 카르노사이클

③ 오토사이클

④ 브레이턴 사이클

⑤ 스털링사이클

50 다음 중 가솔린기관과 디젤기관을 비교한 내용으로 옳은 것은?

① 디젤기관은 가솔린기관보다 압축비가 낮다.

② 가솔린기관은 디젤기관에 비해 소음이 작다.

③ 가솔린기관은 디젤기관에 비해 대형기관에 적합하다.

④ 가솔린기관은 디젤기관에 비해 시동 시 불리하다.

⑤ 가솔린기관은 디젤기관에 비해 열효율이 우수하다.

정답 및 해설 p.238

01 이론적인 냉동사이클에서 고온부에서 10[kW]의 열을 방출하고, 저온부에서 6[kW]의 열을 흡수할 때 냉동기의 COP는?

① 1 ② 1.5 ③ 2 ④ 2.5 ⑤ 3

02 바닥부터 수차의 수차면까지의 높이는 20[m], 유량은 6[m^3/s]인 수차의 출력은 몇 [PS]인가? (단, 물의 비중량은 10[kN/m^3]이다.)

① 800[PS]   ② 1000[PS]
③ 1600[PS]   ④ 2000[PS]
⑤ 3000[PS]

03 실린더 내 기체의 압력이 600[kPa]에서 200[kPa]로 변하고, 체적은 0.1[m^3]에서 0.3[m^3]로 변했을 때, 피스톤이 한 일의 양은 얼마인가?

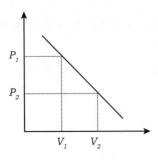

① 20[kJ]   ② 30[kJ]
③ 40[kJ]   ④ 50[kJ]
⑤ 60[kJ]

04 다음 중 열역학1법칙에 대한 설명으로 옳은 것은?

① 물체 A와 물체 B가 온도평형이고, 물체 B와 물체 C가 온도평형이면 물체 A와 물체 C도 온도평형이다.
② 정적과정에서는 계가 흡수한 열량을 내부에너지 증가에 사용한다.
③ 흡수한 열을 모두 일로 변환할 수 없다.
④ 제2종 영구기관은 만들 수 없다.
⑤ 절대온도 0은 만들 수 없다.

05 가로 3[cm], 세로 2[cm]의 직사각형 단면을 가진 양단 단순지지보의 중앙에 40[kg_f]의 집중하중이 작용할 때, 길이 3[m]의 보에 생기는 최대굽힘응력은?

① 500[kg_f/cm^2]   ② 1000[kg_f/cm^2]
③ 2000[kg_f/cm^2]   ④ 3000[kg_f/cm^2]
⑤ 4000[kg_f/cm^2]

06 다음과 같은 외팔보 끝단의 처짐량은?

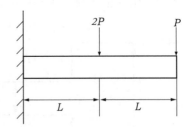

① $\dfrac{7PL^3}{12EI}$ ② $\dfrac{13PL^3}{2EI}$
③ $\dfrac{13PL^3}{3EI}$ ④ $\dfrac{23PL^3}{128EI}$
⑤ $\dfrac{65PL^3}{128EI}$

07 직경 10[cm]의 가느다란 원형 봉이 인장력을 받아 길이가 2[m]에서 2.2[m]가 되었다. 프와송의 비가 0.3이라고 할 때, 줄어든 직경의 길이는 얼마인가?

① 3.3[cm]　　　② 3.8[cm]

③ 4.2[cm]　　　④ 4.6[cm]

⑤ 4.8[cm]

08 직경 $2D$의 원형 단면을 가진 보에 $3V$의 전단력이 작용할 때, 최대전단응력의 식은?

① $\dfrac{4V}{D}$　　　② $\dfrac{4V}{3D}$

③ $\dfrac{4V}{3D^2}$　　　④ $\dfrac{4V}{\pi D^2}$

⑤ $\dfrac{32V}{3\pi D^2}$

09 지름이 2[cm]인 원형 봉에 50[kPa]의 전단응력을 가하고 1200[rpm]으로 회전할 때 소모되는 동력은 얼마인가? (단, π = 3으로 가정한다.)

① 1.5[W]　　　② 2[W]

③ 2.5[W]　　　④ 3[W]

⑤ 3.5[W]

10 다음 중 단위가 잘못 연결된 것은?

① 압력 – Pa　　　② 속력 – $poise$

③ 힘 – $dyne$　　　④ 동점성계수 – $stokes$

⑤ 압력 – psi

11 수은의 비중이 13이라고 가정하면, 수은의 비체적은 얼마인가? (단, 물의 밀도는 1000[kg/m^3]이다.)

① $\dfrac{1}{13} \times 10^{-3}$　　　② 13×10^{-3}

③ 1×10^{-3}　　　④ 2.6×10^{-3}

⑤ 2.6×10^{-4}

12 다음의 식으로 표현되는 법칙은?

$$N_A'' = -D_{AB}\frac{\partial C_A}{\partial y}$$

(N_A'': 화학종 A의 몰유속, D_{AB}: 이성분 확산계수, C_A: 화학종 A의 몰농도)

① 오일러(Euler)의 법칙

② 뉴턴(Newton)의 법칙

③ 비데만–프란츠(Wiedemann–Franz)의 법칙

④ 푸리에(Fourier)의 법칙

⑤ 픽(Fick)의 법칙

13 원형관을 흐르는 유체의 유속은 10[m/s], 동점성계수는 8.0×10^{-6}[m^2/s], 관의 직경은 10[cm]일 때, 레이놀즈수와 흐름의 종류를 순서대로 바르게 나열한 것은?

① 1.5×10^3, 층류　　　② 1.25×10^5, 난류

③ 2.75×10^5, 난류　　　④ 1×10^6, 난류

⑤ 5.5×10^6, 난류

14 풍동실험에서 흐르는 유체의 밀도를 3배, 유속을 2배, 모형의 단면적을 0.1배로 하면 항력은 몇 배가 되는가? (단, 항력계수는 일정하다.)

① 1.2배   ② 1.6배

③ 2배   ④ 2.4배

⑤ 3.6배

15 다음은 열펌프의 $P-h$선도이다. 성능계수는 얼마인가? (단, $h_1 = 400[kJ/kg]$, $h_2 = 500[kJ/kg]$, $h_3 = 300[kJ/kg]$이다.)

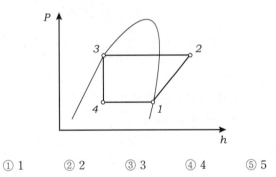

① 1   ② 2   ③ 3   ④ 4   ⑤ 5

16 카르노 열펌프의 저온부 온도는 50[℃], 고온부 온도는 100[℃]이고, 카르노 냉동기의 저온부, 고온부 온도는 열펌프의 저온부, 고온부 온도와 같다. 다음 중 열펌프의 성적계수(COP_H)와 냉동기의 성적계수(COP_R)를 순서대로 바르게 나열한 것은?

① $\frac{2}{3}$, $\frac{1}{3}$ ② 2, 1

③ 2, $\frac{1}{2}$ ④ 2, $\frac{1}{3}$

⑤ 4, $\frac{1}{4}$

17 보일러 안의 기체가 $P_1 = 500[kPa]$, $V_1 = 0.1[m^3]$에서 $P_2 = 100[kPa]$, $V_2 = 0.5[m^3]$로 가역단열팽창하였다. 온도변화는 6[℃]이고, 비열은 $10[kJ/kg \cdot ℃]$일 때, 보일러 안의 기체의 질량은 얼마인가?

① 0.1[kg]   ② 1[kg]

③ 2[kg]   ④ 3[kg]

⑤ 5[kg]

18 $1[kg]$의 물을 27[℃]에서 327[℃]로 가열하면 엔트로피 변화량은 얼마인가? (단, 물의 비열은 $3[kJ/kg \cdot K]$, $ln2 = 0.7$로 가정한다.)

① 0.1[kJ/K]   ② 2.1[kJ/K]

③ 4[kJ/K]   ④ 10.2[kJ/K]

⑤ 26.4[kJ/K]

19 나사가 400[kN]의 축하중만을 받을 때, 나사의 골지름은 얼마인가? (단, 나사의 허용인장응력은 80[kPa]이다.)

① 100[mm]   ② 200[mm]

③ 300[mm]   ④ 400[mm]

⑤ 500[mm]

20 다음 중 용접에 대한 설명으로 옳은 것은?

① 용접이음에서 실제 이음효율은 '용접계수 × 사용계수'이다.

② 용접 중의 변형을 방지하기 위해 가접을 한다.

③ 용접 휨은 전기용접이 가스용접보다 크다.

④ 직교하는 2개의 면을 접합하는 용접으로, 삼각형 단면의 형상을 갖는 용접은 프로젝션용접이다.

⑤ 용접부에 생기는 잔류응력을 제거하기 위해 뜨임을 한다.

21 다음 중 플렉시블 커플링의 일종으로 회전축이 자유롭게 이동할 수 있는 커플링은?

① 머프커플링　　　　② 기어커플링
③ 올덤커플링　　　　④ 유니버설 조인트
⑤ 원통커플링

22 다음 중 진응력(True stress)의 올바른 식은? (단, σ_n: 공칭응력, ε_n: 공칭변형률, σ_T: 진응력이다.)

① $\sigma_n \cdot \varepsilon_n$ 　　　　　② $\dfrac{\sigma_n}{\varepsilon_n}$

③ $\sigma_n(1 + \varepsilon_n)$ 　　　④ $\dfrac{\sigma_n}{2(1 + \varepsilon_n)}$

⑤ $2\sigma_n\left(1 + \dfrac{1}{\varepsilon_n}\right)$

23 다음 중 랭킨사이클의 열효율을 높이는 방법으로 옳지 않은 것은?

① 보일러의 압력이 낮아야 한다.
② 복수기의 압력이 낮아야 한다.
③ 터빈입구의 초기 온도가 높아야 한다.
④ 터빈입구의 초기 압력이 높아야 한다.
⑤ 터빈출구에서는 압력이 낮아야 한다.

24 다음 중 지름 5[mm]나 10[mm]의 작은 강구(Steel ball)를 일정한 하중으로 눌러 압흔의 면적을 압입하중으로 나눈 값으로 경도를 측정하는 방법은?

① 쇼어 경도계　　　　② 비커스 경도계
③ 로크웰 경도 B스케일　④ 로크웰 경도 C스케일
⑤ 브리넬 경도계

25 다음 중 같은 형태의 결정구조끼리 묶인 것은?

① 철, 몰리브덴, 텅스텐
② 철, 구리, 알루미늄
③ 구리, 알루미늄, 아연
④ 금, 은, 마그네슘
⑤ 아연, 코발트, 니켈

26 다음 중 마그네슘 합금인 것은?

① 하스텔로이(Hastelloy)
② 톰백(Tombac)
③ 모넬메탈(Monel metal)
④ 코비탈륨(Cobitalium)
⑤ 다우메탈(Dow metal)

27 다음 중 AB 단면의 수직응력과 수평응력의 위치가 올바른 것은?

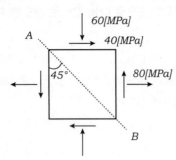

① 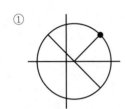 ②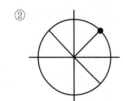

③ 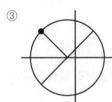 ④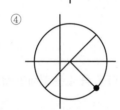

⑤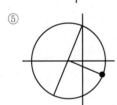

28 다음 부재 AB에 작용하는 힘의 크기는 얼마인가?

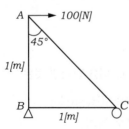

① $50[N]$ ② $60[N]$

③ $70.7[N]$ ④ $80[N]$

⑤ $100[N]$

29 다음과 같은 형상의 물체의 A 축에 관한 단면2차모멘트는 $200[mm^4]$이고, 면적은 $2[mm^2]$이다. $10[mm]$ 떨어진 B 축에 관한 단면2차모멘트는?

① $300[mm^4]$ ② $400[mm^4]$

③ $500[mm^4]$ ④ $600[mm^4]$

⑤ $800[mm^4]$

30 길이 L, 단면 A의 원형 단면 봉에 P의 하중을 가할 때의 변형량은? (단, G: 횡탄성계수, E: 종탄성계수, ν: 프와송의 비이다.)

① $\dfrac{PL}{GA}$ ② $\dfrac{PL}{2G(1+\nu)A}$

③ $\dfrac{PL}{G(1+\nu)A}$ ④ $\dfrac{2PLG}{(1+\nu)A}$

⑤ $\dfrac{PL(1+\nu)}{2GA}$

31 지름 d의 원형 단면 봉에 T의 토크를 가할 때, 만약 지름이 2배가 된다면 비틀림에 의한 탄성에너지는 몇 배가 되는가?

① $\dfrac{1}{25}$ 배   ② $\dfrac{1}{16}$ 배

③ $\dfrac{1}{4}$ 배   ④ 4배

⑤ 16배

32 길이가 2[m], 단면적이 100[mm²], 최소 단면2차모멘트가 400[mm⁴]일 때, 이 봉의 세장비는 얼마인가?

① 0.5 ② 1 ③ 1.5 ④ 2 ⑤ 4

33 다음 중 보의 처짐 곡선의 미분방정식으로 옳은 것은? (단, x: 보의 길이 방향, y: 보의 단면 방향, M: 굽힘 모멘트, V: 전단력, E: 탄성계수, I: 단면2차모멘트이다.)

① $\dfrac{d^4y}{dx^4} = -\dfrac{V}{EI}$ ② $\dfrac{d^3y}{dx^3} = -\dfrac{V}{EI}$

③ $\dfrac{d^2y}{dx^2} = -\dfrac{V}{EI}$ ④ $\dfrac{dy}{dx} = -\dfrac{M}{EI}$

⑤ $\dfrac{dy}{dx} = -\dfrac{V}{EI}$

34 다음 AA 단면에 작용하는 내력은 얼마인가?

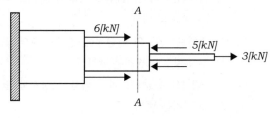

① 2[kN] ② 3[kN]
③ 4[kN] ④ 5[kN]
⑤ 6[kN]

35 다음 보에서 굽힘 모멘트가 최대가 되는 지점은 왼쪽 끝에서부터 얼마인 지점인가?

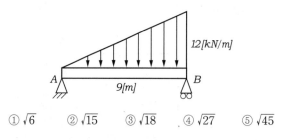

① $\sqrt{6}$ ② $\sqrt{15}$ ③ $\sqrt{18}$ ④ $\sqrt{27}$ ⑤ $\sqrt{45}$

36 어떤 유체의 비중이 0.8이다. 이 유체 1[m³]의 중량은 얼마인가? (단, 1기압, 4[℃]에서의 물의 밀도는 1000[kg/m³]이다.)

① 300[kg_f] ② 500[kg_f]
③ 600[kg_f] ④ 700[kg_f]
⑤ 800[kg_f]

37 반지름이 R인 거품의 안쪽과 바깥쪽의 압력 차를 $\triangle P$라고 할 때, 그림의 단면의 원주에 작용하는 표면장력의 크기를 바르게 표현한 것은?

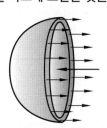

① $\dfrac{R\Delta P}{2}$ ② $R\Delta P$

③ $\dfrac{2}{\Delta P}$ ④ $\dfrac{R\Delta P}{\pi}$

⑤ $\dfrac{R}{4\Delta P}$

38 다음 수문의 A 지점에 작용하는 하중의 크기는 얼마인가? (단, 물의 비중량은 $10000[N/m^3]$, 수문의 폭은 $4[m]$이다.)

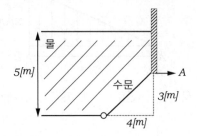

① $170[N]$ ② $230[N]$
③ $290[N]$ ④ $380[N]$
⑤ $499[N]$

39 다음 중 층류에서 난류로의 천이를 판단하는 기준이 되는 무차원수는?

① 프루드수 ② 마하수
③ 레이놀즈수 ④ 오일러수
⑤ 프란틀수

40 다음 유동의 종류 중 포텐셜유동을 적용할 수 있는 경우는?

① 점성유동 ② 경계층유동
③ 포아제유동 ④ 비회전유동
⑤ 난류유동

41 다음 중 원형관에서 층류유동을 할 때 유동의 속도분포에 대한 설명으로 옳은 것은?

① 관의 벽에서는 속도가 0이고 중심으로 갈수록 선형적으로 변한다.
② 관의 중심에서는 속도가 0이고 벽으로 갈수록 선형적으로 변한다.
③ 관의 벽에서는 속도가 0이고 중심으로 갈수록 포물선으로 변한다.
④ 관의 중심에서는 속도가 0이고 벽으로 갈수록 포물선으로 변한다.
⑤ 어디에서나 속도는 일정하다.

42 다음 중 충분히 발달된 층류 파이프유동의 마찰계수 식으로 옳은 것은?

① $\dfrac{64}{Re}$ ② $\dfrac{96}{Re}$
③ $\dfrac{120}{Re}$ ④ $\dfrac{210}{Re}$
⑤ $\dfrac{300}{Re}$

43 다음 중 각 밸브에 대한 설명으로 옳지 않은 것은?

① 카운터밸런스 밸브: 회로의 일부에 배압을 발생시킬 때 사용하는 밸브
② 시퀀스밸브: 통로의 단면적에 변화를 주어 교축현상으로 유량을 조절하는 밸브
③ 릴리프밸브: 유압회로의 압력을 설정치로 일정하게 유지시키는 밸브
④ 체크밸브: 역류를 방지하기 위해 사용하는 밸브
⑤ 감압밸브: 어떤 부분을 주회로의 압력보다 감소시킬 때 사용하는 밸브

44 유동함수가 $xy^3 - \dfrac{y^4}{4}$일 때 x 방향의 속도 u, y 방향의 속도 v의 올바른 식은?

① $u = y^3$, $v = 3xy^2 - y^3$

② $u = xy^2 - y^3$, $v = 2y^3$

③ $u = 3x^2y - y$, $v = y^3$

④ $u = x^2y^2 - 3y^3$, $v = 2y^2$

⑤ $u = 3xy^2 - y^3$, $v = -y^3$

45 다음 중 펌프의 서징에 대한 설명으로 옳지 않은 것은?

① 펌프의 서징이란 펌프가 적당한 작동점을 찾아다니는 진동현상이다.

② 가스압축기의 운전에 있어서는 심각한 문제가 될 수 있다.

③ 액체펌프에서는 거친 운전 상태를 일으키고 심각한 문제로 발전할 수 있다.

④ 후향곡선 날개의 설계로 서징을 예방한다.

⑤ 반경방향 날개의 설계로 서징을 예방한다.

46 다음 중 항력을 줄이는 방법으로 옳지 않은 것은?

① 송유관에서 펌프동력을 감소시키기 위해 파이프 벽에 거친 모래를 부착한다.

② 적은 양의 고분자(폴리머)를 용해시켜 액체유동의 난류마찰을 줄인다.

③ 벽 표면에 V자 모양의 홈을 만든다.

④ 가로방향의 벽을 진동시킨다.

⑤ 벽 쪽에 미세한 공기 방울을 주입한다.

47 다음 중 피로한도에 영향을 주는 요인이 아닌 것은?

① 노치효과 ② 치수효과

③ 표면효과 ④ 압입효과

⑤ 인장효과

48 다음 중 최대전단응력이 최대 및 최소주응력 차의 $\dfrac{1}{2}$과 같을 때 파손된다는 파손이론은?

① 최대주응력설 ② 최대변형률설

③ 최대전단응력설 ④ 전단변형에너지설

⑤ 변형률에너지설

49 다음 중 사각나사의 최대효율식은?

① $\tan\left(45° - \dfrac{\rho}{2}\right)$ ② $\tan^2(45° - \rho)$

③ $\tan^2\left(30° - \dfrac{\rho}{2}\right)$ ④ $\tan^2\left(45° - \dfrac{\rho}{2}\right)$

⑤ $\tan^2(90° - \rho)$

50 겹치기이음일 경우 바하의 경험식에 의한 리벳의 지름은 얼마인가? (단, 판재의 두께는 $50[mm]$이다.)

① $42[mm]$ ② $43[mm]$

③ $44[mm]$ ④ $45[mm]$

⑤ $46[mm]$

정답 및 해설 p.245

01 축의 설계에서 비틀림 모멘트와 굽힘 모멘트가 각각 2배가 되었다. 이때 중실축의 지름은 몇 배가 되는가? (단, $\sqrt{2}$ = 1.414, $\sqrt[3]{2}$ = 1.26, $\sqrt{3}$ = 1.73, $\sqrt[3]{3}$ = 1.44, $\sqrt[3]{4}$ = 1.59이다.)

① 1.26배   ② 1.414배
③ 1.44배   ④ 1.59배
⑤ 1.73배

02 베어링 표시가 6215 ZNR일 때, 베어링 안지름은 얼마인가?

① 45[mm]   ② 50[mm]
③ 60[mm]   ④ 75[mm]
⑤ 80[mm]

03 다음 중 베어링의 기본 부하용량에 대한 설명으로 옳지 않은 것은?

① 베어링이 회전하고 있을 때 견딜 수 있는 최대하중을 말한다.
② 베어링의 정격회전수명이 10^5회전일 때이다.
③ 33.3[rpm]으로, 500시간의 수명을 말한다.
④ 베어링을 선정할 때의 기준이 되며, C로 표시한다.
⑤ 기본 동정격 하중이라고도 한다.

04 어떤 재료의 종탄성계수가 200[GPa], 프와송의 비는 0.4일 때, 횡탄성계수 G는?

① 63.5[GPa]   ② 71.4[GPa]
③ 80.1[GPa]   ④ 96.2[GPa]
⑤ 102.3[GPa]

05 중실 원통형 봉의 지름과 길이가 각각 2배가 되면 비틀림각은 몇 배가 되는가?

① $\frac{1}{4}$배   ② $\frac{1}{8}$배
③ $\frac{1}{16}$배   ④ $\frac{1}{32}$배
⑤ $\frac{1}{64}$배

06 평벨트 전동에서 벨트의 폭은 100[mm], 두께는 10[mm]이다. 벨트의 단위길이당 무게는 50[kg_f/m], 벨트의 속도는 10[m/s], 벨트의 허용인장응력은 2[MPa]이며, $e^{\mu\theta}$ = 3으로 하고, 원심력을 고려할 때 전달동력은 얼마인가? (단, g = 10[m/s^2]이다.)

① 50[kW]   ② 80[kW]
③ 90[kW]   ④ 100[kW]
⑤ 120[kW]

07 20[kg]의 이상기체 공기가 온도 27[℃], 압력 287[kPa]의 용기에 들어 있다. 만약 이 용기의 온도가 127[℃], 압력이 2.87[kPa]이 된다면 공기의 부피는 얼마가 되는가? (단, 특별기체상수 $\overline{R}$ = 0.287 [$kJ/kg \cdot K$]이다.)

① 400[m^3]   ② 500[m^3]

③ 600[m^3]   ④ 700[m^3]

⑤ 800[m^3]

08 이상기체가 가역단열압축을 한다고 가정한다. 초기압력과 초기부피는 각각 300[MPa], 8[m^3]이다. 나중부피가 4[m^3]가 되었을 때 나중압력은 얼마인가? (단, 비열비는 2라고 가정한다.)

① 400[MPa]   ② 600[MPa]

③ 800[MPa]   ④ 1000[MPa]

⑤ 1200[MPa]

09 역카르노사이클의 성능계수가 3이고 냉동기의 증발기 온도는 200[K]이다. 응축기의 온도는 얼마인가?

① 168[K]   ② 267[K]

③ 300[K]   ④ 420[K]

⑤ 500[K]

10 200[g]의 물에 400[℃]인 금속 구 20[g]을 넣으면 10[℃]인 물의 온도가 몇 [℃]로 변하는가? (단, 금속 구의 비열은 0.2[$kJ/kg \cdot K$]이다.)

① 11.8[℃]   ② 21.5[℃]

③ 24.8[℃]   ④ 30.1[℃]

⑤ 45.2[℃]

11 내부에너지가 100[kJ], 압력이 10[kPa], 부피가 1[m^3]인 이상기체의 엔탈피는 얼마인가?

① 110[kJ]   ② 230[kJ]

③ 300[kJ]   ④ 440[kJ]

⑤ 500[kJ]

12 다음 중 열처리 과정에서 결정립의 성장을 억제하여 강도와 인성을 향상시키는 합금원소는?

① 크롬   ② 바나듐

③ 규소   ④ 몰리브덴

⑤ 텅스텐

13 어떤 물체의 온도는 400[K]이고 방사율은 0.1이다. 주위의 온도는 200[K]일 때, 표면방사력과 조사를 순서대로 바르게 나열한 것은? (단, 스테판-볼쯔만 상수는 6×10^{-8}[$W/m^2 \cdot K^4$]으로 가정한다.)

① 153.6[W/m^2], 96[W/m^2]

② 230[W/m^2], 101[W/m^2]

③ 234.5[W/m^2], 120[W/m^2]

④ 346[W/m^2], 150[W/m^2]

⑤ 459.2[W/m^2], 200[W/m^2]

14 기어의 제작법 중 원판을 분할하여 부분으로 기어를 가공하는 방법은?

① 주조법　　　　② 형판법

③ 성형법　　　　④ 창성법

⑤ 전조법

15 반지름이 $0.6[m]$인 구가 있다. 대류열전달계수 h는 $400[W/m^2 \cdot K]$, 열전도율 k는 $20[W/m \cdot K]$일 때, 비오트수(Biot number)는 얼마인가?

① 2　　② 3　　③ 4　　④ 5　　⑤ 6

16 다음 중 초음파가공에 대한 설명으로 옳은 것은?

① 연질재료의 다듬질가공에 적합하다.

② 가공액과 공작물이 충돌한다.

③ 진동자는 $20000[Hz]$ 이상으로 진동한다.

④ 전후방향으로 진동하는 공구를 사용한다.

⑤ 연마입자로는 강철구, 합성수지입자를 사용한다.

17 다음 중 대류열전달에서 온도 경계층의 정의 식으로 옳은 것은?

① 속도 $u = 0.99u_\infty$가 되는 y의 값

② $\dfrac{T_s - T}{T_s - T_\infty} = 0.99$가 되는 y의 값

③ $\dfrac{h(T_s - T_\infty)}{k(T - T_s)} = 0.99$가 되는 y의 값

④ $\dfrac{C_{A,s} - C_A}{C_{A,s} - C_{A,\infty}} = 0.99$가 되는 y의 값

⑤ $\dfrac{C_{A,\infty} - C_A}{C_{A,s} - C_{A,s}} = 0.99$가 되는 y의 값

18 다음 중 차원의 표시가 옳지 않은 것은?

① 속도 $\dfrac{L}{T}$　　　　② 밀도 $\dfrac{M}{L^3}$

③ 압력 $\dfrac{M}{LT^2}$　　　　④ 점성계수 $\dfrac{M}{LT}$

⑤ 동점성계수 $\dfrac{L}{T^2}$

19 다음 중 플랑크(Planck) 분포에 대한 설명으로 옳지 않은 것은?

① 방사되는 복사는 파장에 따라 연속적으로 변한다.

② 방사된 복사의 크기는 온도가 증가할수록 증가하지만 낮은 파장에서는 감소한다.

③ 복사가 집중되는 스펙트럼의 영역은 온도의 크기에 의존한다.

④ 온도가 증가할수록 짧은 파장에서 비교적 더 많은 복사가 일어난다.

⑤ 태양에 의해 방사되는 복사의 대부분은 가시광선 영역에 속한다.

20 5[kg]의 공을 19.6[m]까지 던져 올리는 데 걸리는 시간은 얼마인가?

① 1[s] ② 2[s]

③ 3[s] ④ 4[s]

⑤ 5[s]

21 노즐에서 나오는 물이 수직상방으로 20[m/s]로 분출될 때, 도달하는 최고 높이는 얼마인가? (단, 중력가속도는 10[m/s^2]으로 가정한다.)

① 20[m] ② 30[m]

③ 40[m] ④ 50[m]

⑤ 60[m]

22 길이가 2[m]인 진자에 매달려 있는 물체의 질량을 2[kg]에서 4[kg]으로 변화시켰다. 이때, 주기는 몇 배로 변하는가?

① 1배 ② 2배

③ 3배 ④ 4배

⑤ 8배

23 펌프 임펠러의 회전수는 100[rpm], 펌프의 유량은 9[m^3/min], 양정은 32[m]일 때, 비속도는 얼마인가? (단, 2단 펌프이다.)

① 25[$rpm \cdot m^3/min \cdot m$]

② 37.5[$rpm \cdot m^3/min \cdot m$]

③ 50[$rpm \cdot m^3/min \cdot m$]

④ 75.2[$rpm \cdot m^3/min \cdot m$]

⑤ 100[$rpm \cdot m^3/min \cdot m$]

24 물의 비중량은 20[kN/m^3], 유량은 0.5[m^3/s], 양정은 5[m]인 원심펌프의 수동력은 얼마인가?

① 10[kW] ② 20[kW]

③ 30[kW] ④ 40[kW]

⑤ 50[kW]

25 다음 중 몰리에르 선도에 대한 설명으로 옳은 것은?

① 물질의 전기적 성질을 나타내는 선도를 말한다.

② 디젤기관이나 외연기관의 사이클 계산에 사용된다.

③ 습증기 영역에서 등비체적선과 정압선의 기울기가 비슷하다.

④ 습증기 영역에서 등압선과 등온선이 일치한다.

⑤ 세로축을 온도, 가로축을 부피로 설정한다.

26 피치가 3[mm]인 2줄 나사를 회전시켰을 때 24[mm] 이송하였다면 몇 회전하였는가?

① 2회전 ② 3회전

③ 4회전 ④ 5회전

⑤ 6회전

27 질량이 m이고 반지름이 R인 구의 비체적을 ν라고 한다면, 질량이 $4m$이고 반지름이 $2R$인 구의 비체적은?

① 0.5ν ② ν ③ 2ν ④ 4ν ⑤ 9ν

28 판재를 압연가공하여 $10[mm]$의 판이 $6[mm]$로 가공되었다. 진입속도가 $5[mm/s]$일 때, 출구속도와 압하율을 순서대로 바르게 나열한 것은?

① $4.2[mm/s]$, $25[\%]$ ② $5.4[mm/s]$, $30[\%]$

③ $6[mm/s]$, $35[\%]$ ④ $8.3[mm/s]$, $40[\%]$

⑤ $9.7[mm/s]$, $45[\%]$

29 다음 중 공석강에 대한 설명으로 옳은 것은?

① 탄소 $1.86[\%C]$의 탄소강이다.
② 아공석강은 펄라이트와 페라이트로 되어 있다.
③ 과공석강은 페라이트와 시멘타이트로 되어 있다.
④ 공석강은 페라이트로 되어 있다.
⑤ 오스테나이트가 페라이트와 시멘타이트로 분해되는 공석반응이 일어나는 온도는 A_3변태점이다.

30 전동축의 길이는 L이고, 지름은 d이다. 만약 지름을 $\sqrt{2}d$로 변경하면 비틀림 모멘트에 의한 비틀림각은 몇 배가 되는가?

① 1배 ② $\dfrac{1}{2}$배

③ $\dfrac{1}{4}$배 ④ $\dfrac{1}{8}$배

⑤ $\dfrac{1}{16}$배

31 다음과 같이 평형을 이루고 있을 때, AB 부재에 작용하는 인장력을 M으로 바르게 표현한 것은?

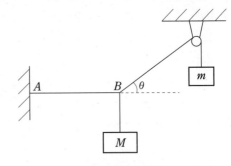

① $\dfrac{Mg}{\cos\theta}$ ② $\dfrac{Mg}{\tan\theta}$

③ $Mg\sec\theta$ ④ $Mg\cos\theta$

⑤ $\dfrac{Mg}{\sin\theta}$

32 다음은 직사각형 단면에서 이등변 삼각형이 제거된 상태이다. 남은 부분의 x축에 관한 관성 모멘트는 얼마인가? (단, 모든 단위는 mm이다.)

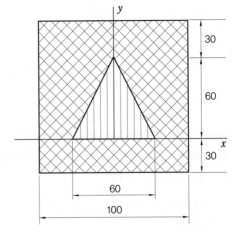

① $2.18 \times 10^7[mm^4]$ ② $2.41 \times 10^7[mm^4]$

③ $3.29 \times 10^7[mm^4]$ ④ $4.17 \times 10^7[mm^4]$

⑤ $5.46 \times 10^7[mm^4]$

33 외팔 자유보에서 끝단에 P의 하중이 작용할 때의 처짐량은 정중앙에 P의 하중이 작용할 때의 처짐량의 몇 배인가?

① $\frac{3}{384}$배　　② $\frac{5}{384}$배

③ $\frac{8}{3}$배　　④ $\frac{16}{5}$배

⑤ 10배

34 직교하는 방향의 수직응력이 σ_x, σ_y이고, 전단응력이 τ_{xy}일 때, 주응력 중 하나가 0이 되는 경우는?

① $\tau_{xy} = \frac{\sigma_x \times \sigma_y}{2}$　　② $\tau_{xy} = \sigma_x \times \sigma_y$

③ $\tau_{xy} = \sqrt{\sigma_x \times \sigma_y}$　　④ $\tau_{xy} = \sqrt{\frac{\sigma_x^2 \times \sigma_y^2}{2}}$

⑤ $\tau_{xy} = \sigma_x^2 + \sigma_y^2$

35 다음과 같이 폭이 2[m], 길이가 4[m]인 평판이 수면과 수직을 이루며 잠겨 있다. 평판 윗면의 수심이 1[m]일 때, 평판에 작용하는 힘과 작용점의 깊이를 순서대로 바르게 나열한 것은?

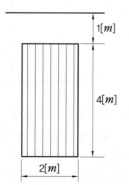

① 13200[N], 3.5[m]　　② 34500[N], 3[m]

③ 46500[N], 3.78[m]　　④ 78200[N], 3.21[m]

⑤ 235200[N], 3.44[m]

36 비눗방울의 표면적이 50[cm^2]에서 100[cm^2]로 변화할 때 $2.4 \times 10^{-4}[J]$의 일이 행해졌다. 비눗방울의 표면장력은 얼마인가?

① $1.2 \times 10^{-2}[N/m]$　　② $2.4 \times 10^{-2}[N/m]$

③ $3.6 \times 10^{-2}[N/m]$　　④ $4.8 \times 10^{-2}[N/m]$

⑤ $1.2 \times 10^{-3}[N/m]$

37 비중 0.95의 오일이 직경 20[cm]의 관을 흐르고 있다. 유량이 50[$liter/second$]이고 점성계수는 1[$poise$]일 때, 레이놀즈수와 유동의 종류를 순서대로 바르게 나열한 것은? (단, π = 3.14이다.)

① 1200, 라미나유동　　② 3021, 천이유동

③ 4600, 터뷸런트유동　　④ 5010, 터뷸런트유동

⑤ 5010, 천이유동

38 길고 얇은 평판에 20[℃]의 물이 4[m/s]의 속도로 흐르고 있다. 경계층의 두께가 1[cm]가 되는 거리는? (단, 층류로 가정하며, 동점성계수 $\nu = 1 \times 10^{-6}$ [m^2/s]이다.)

① 16[m]　　② 24[m]

③ 36[m]　　④ 48[m]

⑤ 64[m]

39 다음 중 오토사이클에 대한 설명으로 옳지 않은 것은?

① 가솔린기관의 기본 사이클이다.
② 가열, 팽창, 방열, 압축의 4단계이다.
③ 열공급과 방열이 일정한 체적에서 이루어진다.
④ 전기 점화기관의 이상적 사이클이다.
⑤ 압축비는 노킹현상을 방지하기 위해 제한된다.

40 다음 설명에 해당하는 열역학 용어는?

- 물질이 지닌 고유 에너지량
- 내부에너지와 압력 × 체적의 합
- 흡열반응에서는 증가한다.
- 발열반응에서는 감소한다.

① 엔트로피
② 자유에너지
③ 엔탈피
④ 비열
⑤ 압축비

41 다음과 같은 마노미터에 C에는 물이 들어 있고, A부터 B까지는 비중 13.6의 수은이 들어 있다. C와 A의 압력 차이는 얼마인가?

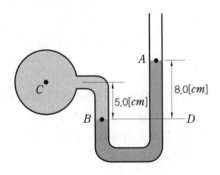

① 8.1[kPa]
② 9.4[kPa]
③ 10.2[kPa]
④ 11.5[kPa]
⑤ 12.6[kPa]

42 다음은 냉동사이클의 $P-h$선도이다. 다음 중 압축기에 필요한 일을 나타내는 식은?

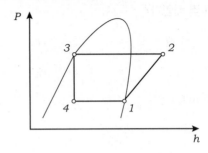

① $\dfrac{h_1 - h_4}{h_2 - h_1}$
② $h_2 - h_1$
③ $h_1 - h_4$
④ $\dfrac{h_2 - h_1}{h_2 - h_3}$
⑤ $h_2 - h_4$

43 유리의 열전도율은 0.01[$W/m \cdot K$]이고, 안쪽 유리의 온도는 35[℃], 바깥쪽 유리의 온도는 5[℃]이며 두께방향 일차원 열유속이 10[W/m^2]일 때, 유리의 두께는 얼마인가?

① 0.005[m]
② 0.01[m]
③ 0.02[m]
④ 0.03[m]
⑤ 0.04[m]

44 클러치형 원판 브레이크에서 접촉면 평균 지름이 50[mm], 밀어서 접촉시키는 힘이 2500[N], 회전수가 100[rpm]일 때, 제동할 수 있는 동력은 얼마인가? (단, 마찰계수는 0.2이다.)

① 0.13[kW]
② 0.23[kW]
③ 0.34[kW]
④ 0.38[kW]
⑤ 0.45[kW]

45 반지름이 R인 원판의 반지름을 $4R$로 하였다. 원판의 회전속도를 절반으로 줄였을 때 원판 끝의 선속도는 몇 배가 되는가?

① 0.5배　② 1배　③ 1.5배　④ 2배　⑤ 4배

46 압축코일 스프링에서 소선직경 d는 0.5배로, 코일의 반경 R은 4배로 증가시키면 축방향 하중 P에 대하여 처짐량은 변경 전의 처짐량의 몇 배가 되는가?

① 64배　　　　　② 121배
③ 256배　　　　④ 1024배
⑤ 4096배

47 스프로킷 휠의 잇수는 100, 피치는 20$[mm]$, 체인의 평균속도는 5$[m/s]$일 때 휠의 회전수는?

① 50$[rpm]$　　　② 150$[rpm]$
③ 200$[rpm]$　　④ 500$[rpm]$
⑤ 800$[rpm]$

48 다음 중 글로브 밸브의 표시는?

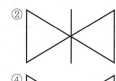

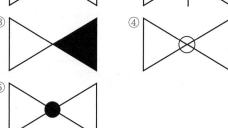

49 다음 원형관에 물이 흐르고 있을 때 물의 유속은 얼마인가?

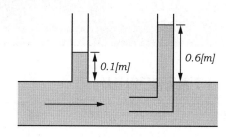

① 3.13$[m/s]$　　　② 4.69$[m/s]$
③ 5.76$[m/s]$　　　④ 7.34$[m/s]$
⑤ 8.31$[m/s]$

50 다음과 같은 부정정보에서 최대굽힘응력은? (단, 직사각형 단면의 폭은 b, 높이는 h이다.)

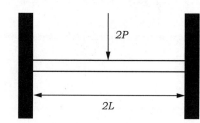

① $\dfrac{PL}{bh^2}$　　　　② $\dfrac{3PL}{bh^2}$
③ $\dfrac{5PL}{bh^2}$　　　　④ $\dfrac{8PL}{3bh^2}$
⑤ $\dfrac{12PL}{5bh^2}$

정답 및 해설 p.252

정답 및 해설

제1회 | 기출동형모의고사

p.214

01	02	03	04	05	06	07	08	09	10
③	⑤	④	④	①	②	②	⑤	③	⑤
11	**12**	**13**	**14**	**15**	**16**	**17**	**18**	**19**	**20**
①	②	③	⑤	②	③	①	③	③	②
21	**22**	**23**	**24**	**25**	**26**	**27**	**28**	**29**	**30**
④	②	③	⑤	③	④	②	②	⑤	⑤
31	**32**	**33**	**34**	**35**	**36**	**37**	**38**	**39**	**40**
③	①	③	④	⑤	③	⑤	④	⑤	①
41	**42**	**43**	**44**	**45**	**46**	**47**	**48**	**49**	**50**
②	③	⑤	②	⑤	②	⑤	④	④	②

01 나사   정답 ③

나사의 자립조건은 $\rho \geq \lambda$, $\mu = \tan\rho$, $\tan\lambda = \dfrac{l}{\pi d_e} = \dfrac{np}{\pi d_e}$ 이므로

$\mu \geq \dfrac{l}{\pi d_e}$, $\mu \geq \dfrac{np}{\pi d_e}$ 이다.

③은 μ(나사면의 마찰계수) $\geq \tan\lambda$ 가 되어야 한다.

🔍 **더 알아보기**

나사의 표기
- 왼2줄 M50 × 3-2: 왼나사 2줄 미터가는나사, 호칭지름 50[mm], 정밀도 2급
- 1/4-20UNC: 바깥지름 $\dfrac{1}{4}$ 인치 유니파이 보통나사, 1인치당 나사산 수 20

02 응력과 변형률   정답 ⑤

$\sigma_{\max} = \dfrac{1}{2}(\sigma_x + \sigma_y) + \dfrac{1}{2}\sqrt{(\sigma_x + \sigma_y)^2 + 4\tau_{xy}^2}$ 에서

$\sigma_y = 0$, $\sigma_{\max} = \dfrac{1}{2}\sigma_x + \dfrac{1}{2}\sqrt{\sigma_x^2 + 4\tau_{xy}^2} = \dfrac{1}{2} \times 30 + \dfrac{1}{2} \times \sqrt{30^2 + 4 \times 20^2}$

$= 40[MPa]$

03 용접   정답 ④

$P = \tau A = \tau(2al) = \tau(2h\cos45° \times l) = 1.414\tau hl$

🔍 **더 알아보기**

용접이음의 종류
- 맞대기 용접이음: 용접 부위를 서로 맞대고 용접한다.
- 겹치기 용접이음: 용접 부위를 서로 겹친 후 용접한다.
- T형 용접이음: T 모양으로 만든 후 면과 면 사이를 용접한다.
- 모서리 이음: 두 면의 모서리를 일치시킨 후 용접한다.
- 가장자리 이음: 가장자리에 붙어 있는 면들을 용접한다.

04 축   정답 ④

자중이나 부착물에 의한 편심력이 오히려 증가한다.

05 기어   정답 ①

$C = \dfrac{m(Z_1 + Z_2)}{2}$, $300 = \dfrac{4(50 + Z_2)}{2}$, $Z_2 = 100$

∴ 속도비 $\dfrac{Z_1}{Z_2} = \dfrac{50}{100} = 0.5$

06 굽힘응력

$$\delta_1 = \frac{5P(2L)^3}{48EI}, \delta_2 = \frac{R_b(2L)^3}{3EI}, \delta_1 = \delta_2, \frac{5P(2L)^3}{48EI} = \frac{R_b(2L)^3}{3EI},$$

$$R_b = \frac{5P}{16}, R_a + R_b = P, R_a = \frac{11P}{16}, \frac{R_a}{R_b} = \frac{11}{5}$$

07 축하중

정답 ②

원주방향은 사각형 절단 단면에 응력이 작용하므로 $\frac{pd}{2t}$이고, 축방향은 원형 절단 단면에 응력이 작용하므로 $\frac{pd}{4t}$이다.

08 굽힘응력

정답 ⑤

- 길이 L의 외팔보 끝단에 하중 P가 작용할 때의 최대 처짐량 $\delta_1 = \frac{PL^3}{3EI}$
- 길이 L의 양단 단순지지보 중앙에 하중 P가 작용할 때의 최대 처짐량

$$\delta_2 = \frac{PL^3}{48EI}$$

$$\therefore \frac{\delta_1}{\delta_2} = \frac{\frac{PL^3}{3EI}}{\frac{PL^3}{48EI}} = 16$$

09 굽힘응력

정답 ③

양단 고정보의 중앙에 집중하중 P가 작용할 때 최대 굽힘 모멘트는 $\frac{PL}{8}$

이므로 최대굽힘응력의 식 $\sigma_{max} = \frac{M_{max}}{Z} = \frac{\frac{PL}{8}}{\frac{bh^2}{6}} = \frac{6PL}{8bh^2} = \frac{3PL}{4bh^2}$이다.

10 열역학적 사이클

정답 ⑤

재열사이클은 고압 증기터빈에서 저압 증기터빈으로 들어가는 증기의 건도를 증가시켜 사이클의 열효율을 향상시킨다.

11 증기동력 사이클

정답 ①

랭킨사이클(Rankine cycle)은 증기 원동기의 기본 사이클로, 두 개의 단열과정과 두 개의 등압과정으로 이루어져 있다.

> 🔍 **더 알아보기**
>
> **랭킨사이클의 효율을 높이는 방법**
> ① 응축기(복수기)의 압력을 낮춘다.
> ② 보일러의 압력을 증가시킨다.
> ③ 사이클의 최고온도를 높인다.

12 열역학 계산

정답 ②

$$W = \frac{PV}{RT}, \frac{400 \times 3}{0.3 \times 200} = 20[kg]$$

13 증기동력 사이클

정답 ③

오답노트

ⓒ 습증기: 증기와 수분이 섞여 있으며 포화온도 상태이고, 건도는 0과 1 사이이다.

ⓔ 압축수: 포화온도 이하이며, 건도는 0이다.

14 유체기계

정답 ⑤

$$출력 = \gamma HQ = 1000 \times 120 \times 75 = \frac{1000 \times 120 \times 75}{60[sec]} = 2000 \times 75[W]$$

$$\frac{2 \times 75[kW]}{0.75} = 200[PS]$$

> 🔍 **더 알아보기**
>
> **수차의 종류**
> - 프란시스수차: 고정깃과 안내깃으로 물을 이동시키고 회전시킨다.
> - 펠턴수차: 노즐에서 분사된 물이 많은 수의 버킷에 부딪혀 수차를 회전시킨다.
> - 프로펠러수차: 회전체 주위에 4~5개의 주강 또는 스테인리스 날개를 달아 물에 의한 반동으로 회전시킨다.

15 유압기기

정답 ②

발전소의 도입관이나 상수도의 주관처럼 지름이 큰 관이나 밸브를 자주 개폐할 필요가 없는 경우에는 슬루스밸브를 사용한다.

> **🔍 더 알아보기**
>
> 유압밸브의 종류
>
> | 압력제어밸브 | 유량제어밸브 | 방향제어밸브 |
> |---|---|---|
> | • 릴리프밸브
• 시퀀스밸브
• 카운터밸런스밸브 | • 교축밸브
• 슬루스밸브
• 속도제어밸브
• 배기교축밸브
• 정지밸브 | • 체크밸브
• 스풀밸브
• 슬라이드밸브 |

16 비철재료

정답 ③

갈륨의 융점은 약 30[℃] 정도이다. 내열금속은 최소 1300[℃] 이상의 융점을 가져야 한다.

> **🔍 더 알아보기**
>
> 내열금속
> 1300[℃] 이상에서 견딜 수 있는 재료로는 니오브, 바나듐, 탄탈, 타이타늄, 지르코늄, 하프늄, 몰리브덴, 레늄, 텅스텐이 있다.

17 용접

정답 ①

플라즈마 아크용접은 발열량의 조절이 쉬워 얇은 판의 용접에 유리하다.

> **🔍 더 알아보기**
>
> 용접의 종류
> • 전자빔용접: 진공하에서 음극으로부터 방출된 전자를 가속해 가공물에 충돌시켜 모재를 녹이는 방법으로, 진공도가 높을수록 고효율의 용접이 가능하다.
> • 업셋용접: 맞대기 용접의 일종으로, 전기저항열을 이용한다. 맞대기 용접은 전기저항이 발생하는 방법에 따라 플래시용접, 충격용접, 접용접, 심용접, 프로젝션용접으로 분류된다.

18 유체동역학

정답 ③

$$\frac{v_A^2}{2g} + \frac{P_A}{\gamma} = \frac{v_B^2}{2g} + \frac{P_B}{\gamma}, \frac{v_B^2}{2g} - \frac{v_A^2}{2g} = \frac{P_A}{\gamma} - \frac{P_B}{\gamma} = \frac{\gamma(h_A - h_B)}{\gamma}$$
$$= h_A - h_B,$$
$$\frac{v_B^2}{2g} = \frac{v_A^2}{2g} + h_A - h_B, v_B^2 = v_A^2 + 2g(h_A - h_B) = 4 + 20 \times 0.25 = 9,$$
$$v_B = \sqrt{9} = 3[m/s]$$

19 유체기계

정답 ③

제어밸브의 급조작으로 인해 유체의 송출량과 압력이 주기적으로 변하는 현상을 서징이라고 한다. 서징은 유체의 흐름이 밸브에 의해 순간적으로 차단될 때 유체의 운동에너지가 탄성에너지로 변해 발생한다.

> **🔍 더 알아보기**
>
> 유체기계 이상현상의 방지책
>
> | 구분 | 방지책 |
> |---|---|
> | 공동현상 | • 낮은 위치에 펌프 설치
• 양흡입펌프 사용
• 흡입관의 직경 확대 |
> | 수격현상 | • 흡입관의 지름 확대
• 플라이 휠 설치
• 공기실 설치
• 완만한 밸브 조작 |
> | 서징 | • 펌프특성곡선 변화
• 토출측 바로 다음에 유량조절밸브 설치
• 바이패스 관로 설치 |

20 철강재료

정답 ②

오답노트
① 탄소 함량이 2[%] 이상이다.
③ 회주철에 대한 설명이다.
④ 가단주철에 대한 설명이다.
⑤ 니켈, 크롬이 아닌 마그네슘, 칼슘을 첨가한다.

> **🔍 더 알아보기**
>
> 주철의 흑연화
> 시멘타이트가 흑연으로 되는 현상을 말하며, 주철의 흑연화를 촉진 및 방해하는 물질은 다음과 같다.
> • 주철의 흑연화를 촉진하는 물질: Al, Ni, Si, Ti
> • 주철의 흑연화를 방해하는 물질: Cr, Mn, Mo, V, S

21 기본 유체역학 정답 ④

부피에 비중량을 곱하면 중량이 된다.

22 강체의 운동 정답 ②

V_1(선속도) $= R\omega$ (R: 반지름, ω: 회전속도)

$V_2 = 2R \times \frac{1}{2}\omega = R\omega$, 즉 1배가 된다.

23 기계 진동의 기초 정답 ③

T_1(주기) $= 2\pi\sqrt{\frac{m}{k}}$, $T_2 = 2\pi\sqrt{\frac{4m}{k}} = 2T_1$, 즉 2배가 된다.

24 기계재료 개요 정답 ⑤

인장 시와 압축 시 항복응력이 달라지는 현상을 바우싱거효과라고 한다.
피로파괴는 작은 반복하중에도 재료가 파괴되는 현상이다.

25 소성가공 정답 ③

열간가공은 표면산화물의 발생이 많고 냉간가공은 가공 면이 매끈하다.

26 철강재료 정답 ④

오답노트

①, ⑤는 담금질, ②는 뜨임, ③은 풀림에 대한 설명이다.

27 열전달 정답 ②

$\dot{q} = -kA\frac{\triangle T}{\triangle x} = -4 \times 1 \times 2 \times \frac{1300-1000}{0.1} = -24000[W]$
$= |-24|[kW] = 24[kW]$

28 비철재료 정답 ②

텅스텐은 융점이 3410[℃]로 매우 높아 고온경도가 크다.

🔎 더 알아보기

텅스텐

체심입방구조이며, 비중은 19.30이다. 텅스텐카바이드 분말과 코발트 분말을 분말야금법으로 소결한 것을 초경합금이라고 한다. 열팽창계수와 전기저항값이 작고, 열전도율과 탄성율은 커서 필라멘트, 절삭공구재료로 사용된다.

29 축하중 정답 ⑤

$\delta = \frac{PL}{EA} = \frac{6000 \times 300}{3 \times 10^4 \times 30} = 2[cm]$

30 굽힘응력 정답 ⑤

보의 길이의 네제곱에 비례한다.

오답노트

① 처짐량은 $\frac{5wL^4}{384EI}$이다.

31 응력과 변형률 정답 ③

- 프와송의 비 $= \frac{가로변형률}{세로변형률} = \frac{1}{프와송의 수} \leq 0.5$
- 프와송의 수 $= \frac{세로변형률}{가로변형률} = \frac{1}{프와송의 비} > 0.5$

32 나사 정답 ①

리드 = 나사의 줄 수 × 피치이므로 $l = np = 3 \times 0.2 = 0.6[mm]$

33 나사　　　　　　　　　　　정답 ③

오답노트

① 아이너트: 동그란 고리 형태의 너트로, 물건을 들어 올릴 때 사용한다.
② 둥근너트: 너트를 외부에 노출시키지 않을 때 사용한다.
④ 캡너트: 너트의 한쪽을 막아서 액체가 누설되거나 먼지가 들어가는 것을 방지한다.
⑤ 나비너트: 나비 모양으로 되어 있어 손으로 돌릴 수 있다.

34 리벳　　　　　　　　　　　정답 ④

A는 코킹, B는 플러링 작업이다.

35 기어　　　　　　　　　　　정답 ⑤

$C = \dfrac{D_1 + D_2}{2}$, $400 = \dfrac{200 + D_2}{2}$

(C: 중심거리, D_1: 작은 기어의 피치원 지름, D_2: 큰 기어의 피치원 지름)

∴ $D_2 = 600[mm]$

$D_2 = mZ_2$(m: 모듈, Z_2: 큰 기어의 잇수)

∴ $Z_2 = \dfrac{D_2}{3} = \dfrac{600}{3} = 200$개

🔍 **더 알아보기**

헬리컬기어의 중심거리

$C = \dfrac{D_{S1} + D_{S2}}{2} = \dfrac{D_1 + D_2}{2\cos\beta} = \dfrac{m(Z_1 + Z_2)}{2\cos\beta} = \dfrac{m_S(Z_1 + Z_2)}{2}$

(C: 중심거리, D_{S1}: 작은 기어의 피치원 지름, D_{S2}: 큰 기어의 피치원 지름, m_S: 축직각 모듈, m: 치직각 모듈, β: 경사각)

36 기어　　　　　　　　　　　정답 ③

하이포이드기어는 두 축이 어긋나 있다.

37 베어링　　　　　　　　　　정답 ⑤

접촉 면적이 작으므로 시동 시 마찰저항이 작다.

🔍 **더 알아보기**

구름 베어링의 장단점

장점	단점
• 윤활이 용이함 • 내마멸성이 우수함 • 정밀도가 우수함 • 일부 고속회전이 가능함	• 조립이 어려움 • 제작비용이 비쌈 • 충격흡수력이 낮음 • 고속회전에 부적합함

38 스프링　　　　　　　　　　정답 ④

길이가 반으로 줄어들면 새로운 스프링상수는 2배로 늘어나게 된다. 만약 길이가 2배로 늘어난다면 새로운 스프링상수는 0.5배가 된다.

39 비틀림　　　　　　　　　　정답 ⑤

$T = \tau Z_p = \tau \times \dfrac{\pi d^3}{16}$, $T \propto d^3 = (3d)^3 = 27d^3$, 즉 27배가 된다.

40 축하중　　　　　　　　　　정답 ①

$\sigma_r = \dfrac{pd}{2t} = \dfrac{0.06 \times 200}{2 \times 3} = \dfrac{12}{6} = 2[kg/mm^2]$

41 절삭가공　　　　　　　　　정답 ②

고온에서 경도가 높은 순서대로 다이아몬드 > 세라믹공구 > 초경합금 > 고속도강 > 탄소공구강의 순이다.

🔍 **더 알아보기**

절삭공구의 특징

구분	특징
다이아몬드	경도가 가장 높아 정밀 절삭공구로 사용된다. 반면 취성이 크고 철금속과 반응성이 좋아 철금속 가공에는 사용할 수 없다.
세라믹공구	산화물, 탄화물 분말에 규소, 마그네슘을 첨가하여 소결해 제작한다. 경도가 높은 제품을 가공할 수 있고, 가공물과의 친화성이 작으나 취성이 크다.
초경합금	텅스텐카바이드 분말과 코발트 분말을 소결해서 제조하며, 고온에서 경도가 높다.

42 굽힘응력

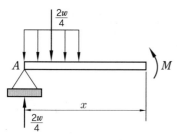

A 점에 관한 모멘트를 취하면

$$M - \frac{2w}{4}x + \frac{2w}{4}\left(x - \frac{2}{8}\right) = 0$$

$$\therefore M = \frac{2^2 w}{32} = \frac{w}{8}$$

43 열전달

정답 ⑤

$$\alpha = \frac{k}{\rho c_p}[m/s^2]$$

열확산율은 열용량에 대한 열전도율의 비이다.

44 절삭가공

정답 ②

오답노트

① 경도가 높은 물질도 가공할 수 있다.
③ 복잡한 형상도 가공이 쉽다.
④ 전도체만 가공할 수 있다.
⑤ 전극가공이 어렵다.

🔎 더 알아보기

방전가공
전극과 가공물 사이에 방전을 일으켜 가공물을 녹이는 가공법으로, 부도체는 가공할 수 없다. 공구소모가 빠르고 가공속도가 느리며, 전극재료로는 흑연을 가장 많이 사용한다. 가는 와이어를 전극으로 사용하여 복잡한 형상을 가공할 수 있는 와이어 방전가공(Wire EDM)도 있다.

45 열전달

정답 ⑤

오답노트

① $\frac{U}{a}$: 마하수

② $\frac{c_p\mu}{k}$: 프란틀수

③ $\frac{\rho v^2}{P}$: 오일러수

④ $\frac{V}{\sqrt{gL}}$: 프루드수

🔎 더 알아보기

푸리에수
물체의 열전도와 열저장의 상대적인 비로, 물체의 온도가 얼마나 빠르게 변화하는지 알 수 있다.

46 유체정역학

정답 ②

파스칼의 원리에 의해 가운데 단면에서의 압력은 같아야 한다.

$$\frac{F_A}{A} = \frac{F_B}{B}, \frac{F_A}{300} = \frac{F_B}{200}, \frac{F_A}{F_B} = \frac{300}{200} = 1.5$$

47 유체동역학

정답 ⑤

$$A_1 v_1 = A_2 v_2, 50 \times 10 = 10 \times v_2, v_2 = 50[cm/s] = 0.5[m/s]$$

$$\frac{P_1}{\gamma} + \frac{v_1^2}{2g} = \frac{P_2}{\gamma} + \frac{v_2^2}{2g}, P_1 - P_2 = \frac{\rho}{2}(v_2^2 - v_1^2)$$

$$\frac{1}{2} \times 1000 \times (0.5^2 - 0.1^2) = 120[N/m^2] = 120[Pa]$$

48 열역학적 사이클

정답 ④

효율 $\eta = 1 - \frac{T_L}{T_H} = 1 - \frac{480}{800} = 1 - 0.6 = 0.4$

49 기체사이클

오답노트

① 랭킨사이클: 증기기관의 기본 사이클

② 카르노사이클: 이론적으로 효율이 최대인 사이클

③ 오토사이클: 가솔린기관의 기본 사이클

⑤ 스털링사이클: 밀폐식 외연기관의 기본 사이클

50 기체사이클

정답 ②

오답노트

① 디젤기관은 가솔린기관보다 압축비가 높다.

③ 가솔린기관은 디젤기관에 비해 소형기관에 적합하다.

④ 가솔린기관은 디젤기관에 비해 시동 시 유리하다.

⑤ 디젤기관은 가솔린기관에 비해 열효율이 우수하다.

🔍 더 알아보기

가솔린기관과 디젤기관의 비교

구분	가솔린기관	디젤기관
점화	• 공기와 가솔린의 혼합 액체에 점화장치가 스파크를 일으켜 연소시킨다.	• 공기만을 압축한 다음 디젤 연료를 분사하여 착화시켜 연소시킨다.
필요부품	• 점화플러그, 기화기, 분사노즐	• 예열플러그, 고압연료분사 장치
운전특징	• 압축비와 열효율이 낮다. • 소음과 진동이 작다.	• 압축비와 열효율이 높다. • 소음과 진동이 크다.

1	2	3	4	5	6	7	8	9	10
②	③	③	②	④	③	①	④	①	②

11	12	13	14	15	16	17	18	19	20
①	⑤	②	①	②	②	③	②	①	②

21	22	23	24	25	26	27	28	29	30
②	③	①	⑤	①	⑤	①	⑤	②	②

31	32	33	34	35	36	37	38	39	40
②	②	②	①	④	⑤	①	⑤	③	④

41	42	43	44	45	46	47	48	49	50
③	①	②	⑤	③	①	⑤	③	④	⑤

01 냉동 및 열펌프 역카르노사이클

정답 ②

$$COP_R = \frac{Q_L}{Q_H - Q_L} = \frac{6}{10 - 6} = \frac{6}{4} = 1.5$$

> 🔎 더 알아보기
>
> COP(Coefficient of Performance)
> 저온체에서 고온체로 이동한 열량을 냉동기가 한 일의 양으로 나눈 값으로, 이 값이 클수록 열효율이 높다.

02 유체기계

정답 ③

출력 $= \gamma QH = 10 \times 6 \times 20 = 1200[kW]$

$$\frac{1200[kW]}{0.75} = 1600[PS]$$

03 열역학 계산

정답 ③

$$W = \frac{1}{2}(P_1 - P_2)(V_2 - V_1) = \frac{1}{2} \times (600 - 200) \times (0.3 - 0.1) = 40[kJ]$$

04 열역학법칙

정답 ②

오답노트

① 열역학0법칙에 대한 설명이다.
③ 열역학2법칙에 대한 설명이다.
④ 열역학2법칙에 대한 설명이다.
⑤ 열역학3법칙에 대한 설명이다.

> 🔎 더 알아보기
>
> 영구기관
> • 제1종 영구기관: 열역학1법칙에 위배되는 기관으로, 외부에너지의 공급 없이 계속 일을 하는 기관
> • 제2종 영구기관: 열역학2법칙에 위배되는 기관으로, 열을 모두 일로 바꾸는 기관
> • 제3종 영구기관: 열역학3법칙에 위배되는 기관으로, 외부에 에너지를 공급하거나 외부로부터 에너지를 공급받지 않으면서 영원히 일을 하는 기관

05 굽힘응력

정답 ④

최대 모멘트는 보의 중앙 지점에 작용한다.

$$M = \frac{PL}{2} = \frac{40[kg_f] \times 300[cm]}{2} = 6000[kg_f \cdot cm]$$

단면계수 $Z = \frac{bh^2}{6} = \frac{3 \times 2^2}{6} = 2[cm^3]$

$$\sigma = \frac{M}{Z} = \frac{6000[kg_f \cdot cm]}{2[cm^3]} = 3000[kg_f/cm^2]$$

06 굽힘응력 · 정답 ③

외팔보의 끝단에 집중하중 P가 작용할 때 끝단의 처짐량은 $\dfrac{P(2L)^3}{3EI}$이고

외팔보의 중앙에 집중하중 $2P$가 작용할 때, 끝단의 처짐량은

$\dfrac{5 \times 2P \times (2L)^3}{48EI}$이므로 이 두 집중하중이 동시에 작용할 때의 끝단의 처짐

량은 중첩의 원리에 의해 $\dfrac{P(2L)^3}{3EI} + \dfrac{5 \times 2P \times (2L)^3}{48EI} = \dfrac{8PL^3}{3EI} + \dfrac{80PL^3}{48EI}$

$= \dfrac{208PL^3}{48EI} = \dfrac{13PL^3}{3EI}$이 된다.

07 축하중 · 정답 ①

프와송의 비$(\nu) = \dfrac{\text{가로변형률}}{\text{세로변형률}} = \dfrac{\frac{\triangle D}{0.1}}{\frac{2.2}{2}} = \dfrac{2\triangle D}{0.1 \times 2.2} = \dfrac{\triangle D}{0.11}$

$0.3 = \dfrac{\triangle D}{0.11}$, $\triangle D = 0.033[m] = 3.3[cm]$

08 횡전단 · 정답 ④

전단응력$(\tau) = \dfrac{V \cdot Q}{I \cdot t} = \dfrac{3V \cdot \frac{(2D)^3}{12}}{\frac{\pi(2D)^4}{64} \cdot 2D} = \dfrac{4V}{\pi D^2}$

(V: 전단력, Q: 1차 모멘트, I: 2차 모멘트, t: τ를 구하는 지점의 단면의 폭)

09 비틀림 · 정답 ①

전단응력$(\tau) = \dfrac{T}{Z_P} = \dfrac{T}{\frac{\pi d^3}{16}}$ (T: 비틀림 모멘트, Z_P: 극단면계수)

$50000 = \dfrac{T}{\frac{\pi(0.02)^3}{16}}$, $T = 50000 \cdot \dfrac{\pi(0.02)^3}{16} = 0.075$

$P = T \cdot \omega = 0.075 \times \dfrac{1200}{60} = 1.5[W]$

> **🔍 더 알아보기**
>
> **단위 환산**
>
> $N \cdot m/s = W(watt) = \dfrac{kW}{1000} = \dfrac{PS}{735}$
>
> $kg_f \cdot m/s = \dfrac{PS}{75} = \dfrac{kW}{102}$

10 기본 유체역학 · 정답 ②

$poise$는 점성계수의 단위이다. 속력의 단위는 m/s이다.

11 기본 유체역학 · 정답 ①

- 비중(13) = $\dfrac{\rho(\text{수은의 밀도})}{\rho_w(\text{물의 밀도})}$, $\rho(\text{수은의 밀도}) = 13 \times \rho_w(\text{물의 밀도})$,

  $\rho = 13 \times 1000[kg/m^3]$

- 비체적 = $\dfrac{1}{\rho(\text{수은의 밀도})} = \dfrac{1}{13 \times 1000} = \dfrac{1}{13} \times 10^{-3}$

12 열전달 · 정답 ⑤

대류에서 어떤 성분의 확산은 그 성분의 농도가 감소하는 방향이고, 그 크기는 농도의 미분에 비례한다는 법칙이다.

> **🔍 더 알아보기**
>
> **픽의 법칙**
>
> 열역학에서 열의 확산을 설명하는 법칙으로, 정상상태에서 유체 흐름의 속도는 농도의 기울기에 비례한다는 제1법칙과, 어떤 지점에서 농도의 시간당 변화율은 농도를 해당 지점에 대해 두 번 미분한 값에 비례한다는 제2법칙이 있다.

13 유체동역학 · 정답 ②

$Re = \dfrac{VD}{\nu} = \dfrac{10 \times 0.1}{8 \times 10^{-6}} = \dfrac{10 \times 10^{-1}}{8 \times 10^{-6}} = 1.25 \times 10^5 = 125000$

Re가 4000 이상이면 난류유동이다.

14 차원해석과 상사법칙 · 정답 ①

$F_D(\text{항력}) = C_D \cdot \dfrac{1}{2}\rho v^2 A$ (C_D: 항력계수, ρ: 밀도, v: 유속, A: 단면적)

$F_D(\text{기존 항력}) = C_D \cdot \dfrac{1}{2}\rho v^2 A$

$F_D{'}(\text{새로운 항력}) = C_D \cdot \dfrac{1}{2}3\rho(2v)^2 0.1A = 1.2 \times C_D \cdot \dfrac{1}{2}\rho v^2 A$, 즉 1.2

배가 된다.

15 냉동 및 열펌프 역카르노사이클 정답 ②

열펌프의 성능계수 $COP_H = \dfrac{h_2 - h_3}{h_2 - h_1} = \dfrac{500 - 300}{500 - 400} = \dfrac{200}{100} = 2$

🔍 더 알아보기

열펌프
저열원에서 고열원으로 강제로 열을 이동시키는 장치로, 냉동사이클과 같은 방향으로 열을 이동시킨다. 냉동사이클과 결합하여 냉난방시스템에 사용할 수도 있으며, 최근에는 친환경적 신재생에너지를 이용하는 열펌프도 개발 중에 있다.

16 냉동 및 열펌프 역카르노사이클 정답 ②

- $COP_H = \dfrac{T_H}{T_H - T_L} = \dfrac{100}{100 - 50} = 2$
- $COP_R = \dfrac{T_L}{T_H - T_L} = \dfrac{50}{100 - 50} = 1$

17 열역학 계산 정답 ③

가해준 일(열량) $= \dfrac{1}{2}(P_1 + P_2)(V_2 - V_1) = \dfrac{1}{2}(500 + 100)(0.5 - 0.1)$
$= 120[kJ]$

$Q = mc\triangle T$ (m: 기체의 질량, c: 비열, $\triangle T$: 기체의 온도변화)
$120 = m \times 10 \times 6$
$\therefore m = 2[kg]$

18 열역학 계산 정답 ②

$\triangle S = mC_v ln\dfrac{T_2}{T_1} = 1 \times 3 \times ln\dfrac{327 + 273}{27 + 273} = 3ln2 = 2.1[kJ/K]$

🔍 더 알아보기

엔트로피
무질서도이며 열역학적 정의로는 $\dfrac{\triangle Q}{T}$를 사용한다. 가역 단열과정에서는 엔트로피 변화가 0이고, 비가역 단열과정에서는 증가한다. 모든 자연현상은 엔트로피가 증가하는 방향으로 진행된다.

19 나사 정답 ①

골지름을 d_1, 바깥지름을 d라고 하면 지름 3[mm] 이상은 $d_1 = 0.8d$로 한다.

σ_a(허용인장응력) $= \dfrac{P}{A} = \dfrac{P}{\dfrac{\pi}{4}(0.8d^2)}$

$\therefore d = \sqrt{\dfrac{2P}{\sigma_a}} = \sqrt{\dfrac{2 \times 400}{80000}} = 0.1[m] = 100[mm]$

20 용접 정답 ②

오답노트
① 용접이음에서 실제 이음효율은 '용접계수 × 형상계수'이다.
③ 용접 휨은 전기용접이 가스용접보다 작다.
④ 직교하는 2개의 면을 접합하는 용접으로, 삼각형 단면의 형상을 갖는 용접은 필릿용접이다.
⑤ 용접부에 생기는 잔류응력을 제거하기 위해 풀림을 한다.

21 커플링 정답 ②

기어커플링은 동일 치수의 바깥 기어와 안쪽 기어를 서로 맞물리게 하여, 그 간격으로 유연성을 부여하고 큰 토크에 견딜 수 있는 커플링이다.

오답노트
① 머프커플링: 간단한 분할구조로 분해와 조립이 용이하다.
③ 올덤커플링: 두 축의 거리가 매우 가까울 때 사용한다.
④ 유니버설 조인트: 두 축이 일직선상에 있지 않을 때 사용한다.
⑤ 원통커플링: 두 샤프트의 끝을 맞대어 중심을 맞추고, 접촉부에 원통의 보스를 끼워서 키 또는 마찰력으로 동력을 전달한다.

22 응력과 변형률 정답 ③

$A_0 l_0 = Al = A(l_0 + \lambda) = A(l_0 + \varepsilon_n l_0) = Al_0(1 + \varepsilon_n)$
$\sigma_T = \dfrac{P}{A} = \dfrac{P}{\dfrac{A_0}{1 + \varepsilon_n}} = \sigma_n(1 + \varepsilon_n)$

23 증기동력 사이클 정답 ①

보일러의 압력은 높아야 한다.

🔍 **더 알아보기**

랭킨사이클의 열효율을 높이는 방법
- 보일러의 압력을 높게 한다.
- 복수기의 압력을 낮게 한다.
- 터빈입구의 압력과 온도를 높게 한다.
- 공기를 고온으로 과열한다.
- 터빈출구는 온도만 높고 압력은 낮게 한다.

24 기계재료 개요 정답 ⑤

오답노트

① 쇼어 경도계는 해머를 낙하시켜 반발되어 튀어 오르는 높이를 측정하는 방법이다.
② 비커스 경도계는 다이아몬드 4각추를 일정한 하중으로 눌러 경도를 측정하는 방법이다.
③ 로크웰 경도 B스케일은 1.5$[mm]$의 작은 강구를 사용한다.
④ 로크웰 경도 C스케일은 다이아몬드 원뿔체를 사용한다.

🔍 **더 알아보기**

브리넬 경도계
지름 5$[mm]$나 10$[mm]$의 작은 강구(Steel ball)를 일정한 하중으로 눌러 압흔의 면적을 압입하중으로 나눈 값으로 경도를 측정하는 방법이다. 열처리, 주물, 주강, 특수강 제품, 금속소재 및 비철금속, 합금소재, 플라스틱, 합성수지 등의 경도시험에 용이하다.

25 기계재료 개요 정답 ①

철, 몰리브덴, 텅스텐, 크롬은 체심입방격자이고, 구리, 알루미늄, 금, 은, 니켈은 면심입방격자이며 아연, 코발트, 마그네슘, 티탄은 조밀입방격자이다.

🔍 **더 알아보기**

금속의 결정구조

면심입방격자(FCC)	체심입방격자(BCC)	조밀입방격자(HCP)
Al, Ag, Au, Ni, Cu, Pb, Pt, Ca, Rb, 감마철	W, Mo, V, Na, Li, Ta, K, 알파철, 델타철	Mg, Zn, Ti, Co, Cd, Be, Ce

26 비철재료 정답 ⑤

다우메탈(Dow metal)은 Mg-Al합금이다.

오답노트

① 하스텔로이(Hastelloy): Ni-Mo-Cr합금
② 톰백(Tombac): Cu-Zn합금
③ 모넬메탈(Monel metal): Ni-Cu합금
④ 코비탈륨(Cobitalium): Al-Cu-Ni합금

🔍 **더 알아보기**

마그네슘 합금의 특징
- 융점 650$[℃]$, 비중 1.74로 금속 중에서 가장 가볍다.
- 연소성이 높고 감쇠성능이 좋아 소음진동 방지용으로 사용된다.
- 소성가공성이 낮다.
- 주물용 마그네슘 합금으로는 다우메탈과 엘렉트론이 있다. 다우메탈은 Mg-Al합금으로 매우 가볍고 단조와 주조가 쉬우며, 엘렉트론은 Mg-Al-Zn합금으로 고온에서 내식성이 우수하다.

27 모어원 정답 ①

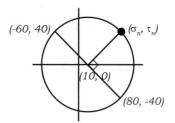

주어진 수직응력이 압축응력 60$[MPa]$과 인장응력 80$[MPa]$이므로 모어원상의 두 점은 (-60, 40)과 (80, -40)이 된다. 모어원의 중심은 $\frac{-60+80}{2}$ = 10이므로 (10, 0)이 된다. 여기에서 AB 단면은 45° 기울어져 있으므로 모어원상에서는 90°만큼 반시계 방향으로 회전한 ①이 정답이 된다.

28 축하중 정답 ⑤

$\Sigma F_x = 0$, $100 - F_{AC}\sin45° = 0$, $F_{AC} = 100\sqrt{2}[N]$

$\Sigma F_y = 0$, $F_{AC}\cos45° - F_{AB} = 0$, $F_{AB} = 100[N]$

29 단면2차모멘트 정답 ②

$I_B = I_A + Ad^2$, $I_B = 200 + 2 \times 10^2 = 400[mm^4]$

30 축하중 정답 ②

$\delta = \dfrac{PL}{EA}$, $G = \dfrac{E}{2(1+\nu)}$, $E = 2G(1+\nu)$

$\delta = \dfrac{PL}{2G(1+\nu)A}$

31 에너지법 정답 ②

탄성에너지 $U = \dfrac{1}{2}T\theta = \dfrac{T^2L}{2GI_P}$, $I_P = \dfrac{\pi d^4}{32}$

$2d$가 되면 I_P는 16배가 되고, U는 $\dfrac{1}{16}$배가 된다.

32 기둥 정답 ②

$\lambda(\text{세장비}) = \dfrac{l}{r}$ (l: 기둥의 길이, r: 최소 2차 반지름)

$r = \sqrt{\dfrac{I_{\min}}{A}}$ (A: 단면적, $I_{\min}$: 최소 단면2차모멘트)

$r = \sqrt{\dfrac{400}{100}} = 2$, $\lambda = \dfrac{2}{2} = 1$

33 굽힘응력 정답 ②

$\dfrac{d^2y}{dx^2} = -\dfrac{M}{EI}$, $\dfrac{d^3y}{dx^3} = -\dfrac{V}{EI}$, $\dfrac{d^4y}{dx^4} = -\dfrac{q}{EI}$ (q: 하중)

34 축하중 정답 ①

$5 - 3 = 2[kN]$의 압축방향 내력이 작용한다.

35 굽힘응력 정답 ④

A에서의 반력을 구하기 위해 B에서의 모멘트의 합을 구하면

$9A - \dfrac{1}{2} \times 9 \times 12 \times 3 = 0$, $A = 18[kN]$

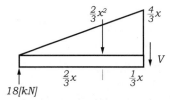

$18 - \dfrac{2}{3}x^2 - V = 0$, $V = 18 - \dfrac{2}{3}x^2$

$18 - \dfrac{2}{3}x^2 = 0$, $x = \sqrt{27}$

36 기본 유체역학 정답 ⑤

비중 $= \dfrac{\rho(\text{유체의 밀도})}{\rho_w(\text{물의 밀도})} = 0.8$, 물의 중량 $= 1000[kg_f]$,

유체의 중량 $= 1000 \times 0.8 = 800[kg_f]$

37 기본 유체역학 정답 ①

$\pi R^2 \triangle P = 2\pi RY$ (Y: 표면장력)

$Y = \dfrac{\pi R^2 \triangle P}{2\pi R} = \dfrac{R \triangle P}{2}$

38 유체정역학   정답 ⑤

수문의 중심에 작용하는 힘 $F = \gamma h_{CG} S = 10000 \times 3.5 \times 20 = 700000[N]$

$I_{xy} = 0$, $I_{xx} = \dfrac{bL^3}{12} = \dfrac{4 \times 5^3}{12} = 41.67$

수문의 중심에서 압력의 중심까지의 거리는 다음과 같이 계산된다.

$y_{cp} = \dfrac{I_{xx}\sin\theta}{h_{CG}S} = \dfrac{41.67 \times \dfrac{3}{5}}{3.5 \times 20} = 0.36[m]$

바닥힌지에서 힘의 작용점까지의 거리는 5 - 2.5 - 0.36 = 2.14[m]

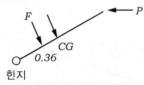

힌지에서 모멘트 합을 구하면

$P \times 3 - F(2.5 - 0.36) = 0$,

$3P = 700000 \times 2.14 = 1498000$, $P = 499[N]$

39 유체동역학   정답 ③

레이놀즈수는 관성력과 점성력의 비로, 층류에서 난류로의 천이를 판단하는 기준이 된다.

오답노트
① 프루드수: 관성력과 중력의 비
② 마하수: 유속과 음속의 비
④ 오일러수: 압축력과 관성력의 비
⑤ 프란틀수: 점성력과 열확산력의 비

> 🔍 더 알아보기
>
> 두 유동이 상사할 조건
> ① 기하학적 상사여야 한다.
> ② 레이놀즈수가 동일해야 한다.
> ③ 오일러수가 동일해야 한다. (압축성 유동에서는 마하수가, 자유표면 유동에서는 프루드수가 추가로 동일해야 한다.)

40 유체동역학   정답 ④

포텐셜유동이란 점성이 없고 비회전인 유체유동을 말한다.

41 유체동역학   정답 ③

벽에서는 점성으로 인해 속도가 0이고 내부로 갈수록 속도의 크기는 포물선 모양으로 커지게 된다.

42 유체동역학   정답 ①

원형관 내의 유동이 층류일 때 마찰계수 f는 $\dfrac{64}{Re}$(Re: 레이놀즈수)와 같이 표현된다.

만약 Re가 4000에서 150000까지의 난류라면 마찰계수 f는 $0.3164Re^{-\frac{1}{4}}$로 표현되고, Re가 150000 이상이라면 마찰계수 f를 구하기 위해 카르만-니쿨라드세(Karman-Nikuradse)의 식을 사용해야 한다.

43 유압기기   정답 ②

시퀀스밸브는 주회로의 압력을 일정하게 유지하면서 조작 순서를 제어하고자 할 때 사용하는 밸브이다. 통로의 단면적에 변화를 주어 교축현상으로 유량을 조절하는 밸브는 교축밸브이다.

44 유체동역학   정답 ⑤

$u = \dfrac{\partial \psi}{\partial y}$, $v = -\dfrac{\partial \psi}{\partial x}$ (ψ: 유동함수)

$u = 3xy^2 - y^3$, $v = -y^3$

45 유체기계   정답 ③

액체펌프에서는 거친 운전 상태를 일으키지만 심각한 문제로 발전하지는 않는다.

46 유체기계   정답 ①

송유관에서 펌프동력을 감소시키기 위해 파이프 벽에 거친 모래를 부착하면 오히려 항력이 커진다. 파이프 벽에 환상형의 막을 형성시키면 점성을 낮출 수 있다.

47 기계재료 개요 정답 ⑤

오답노트

① 노치효과: 단면의 형상이 급격히 변화하면 응력집중이 생기고 피로한 도가 저하된다.

② 치수효과: 형상이 같더라도 치수가 커지면 피로한도가 저하된다.

③ 표면효과: 표면경화, 부식, 표면조도에 의해 피로한도가 저하된다.

④ 압입효과: 압입, 가열, 끼워맞춤으로 응력이 발생하여 피로한도가 저하된다.

48 응력과 변형률 정답 ③

오답노트

① 최대주응력설: 재료의 강도를 결정하는 것은 최대주응력이라는 이론

② 최대변형률설: 단위변형률이 인장에서 생기는 항복점의 단위변형률과 같으면 재료가 파괴된다는 이론

④ 전단변형에너지설: 재료에 축적되는 전단변형에너지가 단순 인장 시 항복점에 해당하는 전단변형에너지와 같을 때 파손이 발생한다는 이론

⑤ 변형률에너지설: 재료의 단위체적당 변형에너지가 항복점에 대한 단위체적당 변형에너지와 같으면 파손이 발생한다는 이론

49 나사 정답 ④

사각나사의 리드각 $\lambda = \dfrac{\pi}{4} - \dfrac{\rho}{2}$ 일 때 최대의 효율 $\tan^2\left(45° - \dfrac{\rho}{2}\right)$ 를 갖는다.

50 리벳 정답 ⑤

겹치기이음 $d = \sqrt{50t} - 4[mm] = \sqrt{2500} - 4 = 46[mm]$

> 🔍 **더 알아보기**
>
> 바하의 경험식에 의한 리벳의 지름 d
> - 겹치기이음 $d = \sqrt{50t} - 4[mm]$
> - 양쪽 덮개판 이음의 경우
>   - 1줄 리벳 $d = \sqrt{50t} - 4[mm]$
>   - 2줄 리벳 $d = \sqrt{50t} - 5[mm]$
>   - 3줄 리벳 $d = \sqrt{50t} - 6[mm]$

1	2	3	4	5	6	7	8	9	10
①	④	②	②	②	④	⑤	⑤	②	①
11	**12**	**13**	**14**	**15**	**16**	**17**	**18**	**19**	**20**
①	②	①	③	③	③	②	⑤	②	②
21	**22**	**23**	**24**	**25**	**26**	**27**	**28**	**29**	**30**
①	①	②	⑤	④	③	③	④	②	③
31	**32**	**33**	**34**	**35**	**36**	**37**	**38**	**39**	**40**
②	②	④	③	⑤	②	②	①	②	③
41	**42**	**43**	**44**	**45**	**46**	**47**	**48**	**49**	**50**
③	②	④	①	④	③	②	⑤	①	②

01 조합하중　　　　　　　　　　정답 ①

등가 비틀림 모멘트 $T_e = \sqrt{M^2 + T^2}$에서 새로운 $T_e' = \sqrt{(2M)^2 + (2T)^2}$
$= 2T_e$

$d' = \sqrt[3]{\dfrac{16T_e'}{\pi\tau_a}} = \sqrt[3]{\dfrac{16 \times 2T_e}{\pi\tau_a}} = \sqrt[3]{2}\sqrt[3]{\dfrac{16T_e}{\pi\tau_a}} = \sqrt[3]{2}d = 1.26d$, 즉 1.26배가
된다.

02 베어링　　　　　　　　　　정답 ④

안지름 번호가 04에서 99 사이인 베어링의 안지름은 '안지름 번호 × 5'로 구할 수 있다.
제시된 베어링의 안지름 번호가 15이므로 안지름은 15 × 5 = 75[mm]이다.

> ### 🔍 더 알아보기
>
> 베어링 표시법
>
> | 6 | 2 | 08 | C2 | P6 |
> |---|---|---|---|---|
> | ① | ② | ③ | ④ | ⑤ |
>
> ① 형식기호
> ② 치수계열기호
> ③ 안지름 번호 예 안지름: 8 × 5 = 40[mm]
> ④ 틈새기호
> ⑤ 등급기호

03 베어링　　　　　　　　　　정답 ②

$33.3[rpm] \times 500hr = \dfrac{33.3}{1[min]} \times 500 \times 60[min] \simeq 10^6$회전이다.

04 축하중　　　　　　　　　　정답 ②

$G = \dfrac{E}{2(1+\nu)} = \dfrac{200}{2(1+0.4)} = \dfrac{200}{2.8} = 71.4[GPa]$

05 비틀림　　　　　　　　　　정답 ②

$\theta_0 = \dfrac{TL}{GI_P} = \dfrac{TL}{G\frac{\pi d^4}{32}}$, $\theta_1 = \dfrac{T2L}{G\frac{\pi(2d)^4}{32}} = \dfrac{2}{16}\dfrac{TL}{G\frac{\pi d^4}{32}} = \dfrac{1}{8}\theta_0$,

즉 $\dfrac{1}{8}$배가 된다.

06 벨트　　　　　　　　　　　정답 ④

$H'(\text{전달동력}) = \dfrac{\left(T_t - \frac{wv^2}{g}\right)}{102}\left(\dfrac{e^{\mu\theta}-1}{e^{\mu\theta}}\right)v[kW]$

(T_t: 긴장측 장력, w: 벨트의 단위길이당 무게, v: 벨트의 속도, $e^{\mu\theta}$: 장력비, g: 중력가속도)

$T_t = \sigma_t bh = 2 \times 10^6 \times 0.1 \times 0.01 = 2000[N]$

$H' = \dfrac{\left(T_t - \frac{wv^2}{g}\right)}{102}\left(\dfrac{e^{\mu\theta}-1}{e^{\mu\theta}}\right)v = \dfrac{\left(2000 - \frac{50 \times 10^2}{10}\right)}{102}\left(\dfrac{3-1}{3}\right) \cdot 10$

$= \dfrac{2000-500}{102} \cdot \dfrac{2}{3} \cdot 10 \simeq \dfrac{2000-500}{100} \cdot \dfrac{2}{3} \cdot 10 = 100[kW]$

더 알아보기

벨트의 전달동력

1. 벨트의 속도 $v \leq 10[m/s]$, 원심력을 무시할 때

$$H'(\text{전달동력}) = \frac{T_t}{102}\left(\frac{e^{\mu\theta}-1}{e^{\mu\theta}}\right)v[kW]$$

(T_t: 긴장측 장력, v: 벨트의 속도, $e^{\mu\theta}$: 장력비)

2. 벨트의 속도 $v > 10[m/s]$, 원심력을 고려할 때

$$H'(\text{전달동력}) = \frac{\left(T_t - \frac{wv^2}{g}\right)}{102}\left(\frac{e^{\mu\theta}-1}{e^{\mu\theta}}\right)v[kW]$$

(T_t: 긴장측 장력, w: 벨트의 단위길이당 무게, v: 벨트의 속도, $e^{\mu\theta}$: 장력비, g: 중력가속도)

07 열역학 계산　　　　　　정답 ⑤

$$P_1 V_1 = W\overline{R}T_1, V_1 = \frac{W\overline{R}T_1}{P_1} = \frac{20 \times 0.287 \times (273+27)}{287} = \frac{6000 \times 0.287}{287}$$

$$= 6[m^3]$$

$$\frac{P_1 V_1}{T_1} = \frac{P_2 V_2}{T_2}, V_2 = \frac{P_1 V_1}{T_1} \times \frac{T_2}{P_2} = \frac{287 \times 6}{(273+27)} \times \frac{(273+127)}{2.87} = 800[m^3]$$

08 열역학 계산　　　　　　정답 ⑤

$$\frac{P_2}{P_1} = \left(\frac{V_1}{V_2}\right)^k, P_2 = P_1\left(\frac{V_1}{V_2}\right)^k = 300 \times \left(\frac{8}{4}\right)^2 = 1200[MPa]$$

09 냉동 및 열펌프 역카르노사이클　　　　　　정답 ②

$$\text{성능계수}(COP) = \frac{Q_2}{Q_1 - Q_2} = \frac{T_2}{T_1 - T_2} = \frac{200}{T_1 - 200} = 3$$

$$3T_1 - 600 = 200, 3T_1 = 800, T_1 = 267[K]$$

더 알아보기

냉동사이클의 4가지 요소

구분	내용
압축기	기체냉매를 액체로 압축한다.
응축기	압축기에서 나오는 액체, 기체 혼합물을 액체로 응축한다.
팽창밸브	응축기에서 온 액체를 저온저압의 액체로 만든다.
증발기	주위의 열을 흡수하면서 냉매가 기체로 증발한다.

10 열역학 계산　　　　　　정답 ①

금속 구가 잃은 열량 = 물이 얻은 열량

$0.02 \times 200 \times (400 - T) = 0.2 \times 4200 \times (T - 10)$

$T = 11.8[℃]$

11 열역학 계산　　　　　　정답 ①

$H(\text{엔탈피}) = U(\text{내부에너지}) + PV$

$H = 100 + 10 \times 1 = 110[kJ]$

12 비철재료　　　　　　정답 ②

바나듐은 소량 첨가로 탄소강의 강도를 크게 향상시킨다.

13 열전달　　　　　　정답 ①

- 표면방사력 $E = \varepsilon\sigma T_s^4 = 0.1 \times 6 \times 10^{-8} \times 400^4 = 153.6[W/m^2]$
- 조사 $G = \sigma T_{sur}^4 = 6 \times 10^{-8} \times 200^4 = 96[W/m^2]$

더 알아보기

- 흑체: 모든 전자기파를 흡수하는 이상적인 물체
- 흑체복사: 모든 전자기파를 흡수했다가 그대로 모두 방사하는 이상적인 복사로, 실제 흑체와 똑같은 물질은 존재하지 않는다.

14 기어　　　　　　정답 ③

오답노트

① 주조법: 주조의 방법으로 기어를 제조하는 것을 말한다.
② 형판법: 형판을 이용해 기어를 가공하는 방법을 말한다.
④ 창성법: 공구를 이론적으로 정확한 기어 모양으로 만들어 기어소재와의 상대운동으로 치형을 절삭하는 방법을 말한다.
⑤ 전조법: 전조공구를 이용해 기어를 가공하는 방법을 말한다.

더 알아보기

기어가공

일반적으로 많은 기어를 생산할 때는 주조에 의한다. 그러나 정밀하거나 강도가 높은 기어는 절삭가공(창성법)으로 제조한다. 예를 들어 스퍼기어는 호브로 거친 절삭을 한 다음 셰이빙 가공 후 열처리하고, 그 이후에 호닝 작업을 한다.

15 열전달   정답 ③

$$Bi = \frac{h\frac{r_0}{3}}{k} = \frac{400 \times \frac{0.6}{3}}{20} = 4$$

특성길이는 구에 대해서는 $\frac{r_0}{3}$, 원통에 대해서는 $\frac{r_0}{2}$, 두께 L의 평면에 대해서는 $\frac{L}{2}$을 사용한다.

더 알아보기

비오트수

- 물체 표면에서의 대류와 물체 내부에서의 전도의 비를 나타낸다. 어떤 시스템에서 전도나 대류의 한 특성을 무시할 수 있는지 알아보기 위한 판단의 기준이 되는 값이다.
- $Bi = \dfrac{\frac{h}{k}}{\frac{k}{L_C}}\dfrac{\triangle T}{\triangle T} = \dfrac{hL_C}{k}$

(h: 대류열전달계수, k: 열전도율, L_C: 특성길이, $\triangle T$: 온도변화)

16 절삭가공   정답 ③

① 경질재료의 다듬질가공에 적합하다.
② 가공액의 연마입자와 공작물이 충돌한다.
④ 상하방향으로 진동하는 공구를 사용한다.
⑤ 연마입자로는 알루미나, 탄화규소를 사용한다.

더 알아보기

초음파가공

황동, 연강 등의 공구와 가공할 공작물 사이에 알루미나, 탄화규소 등의 연마입자를 넣고 $20[kHz]$ 이상의 초음파로 공구를 진동시킨다. 부도체도 가공할 수 있으며, 취성이 큰 재료의 가공에 적합하다. 주요 작업은 드릴링, 절단, 연삭 작업이다.

17 열전달   정답 ②

오답노트

① 속도 $u = 0.99u_\infty$가 되는 y의 값은 속도 경계층의 정의이다.
④ $\dfrac{C_{A,s} - C_A}{C_{A,s} - C_{A,\infty}} = 0.99$가 되는 y의 값은 농도 경계층의 정의이다.

더 알아보기

경계층

- 유체역학적 경계층: 유체의 흐름에서 점성의 효과가 미치는 경계층
- 열 경계층: 유체가 흐를 때 유체와 벽 사이의 열교환으로 온도구배가 있는 경계층으로, 경계층의 두께는 점성이나 열전달의 영향이 있는 구간의 두께이며 통상 99[%]의 값을 취한다.

18 기본 유체역학   정답 ⑤

동점성계수의 차원은 $\dfrac{L^2}{T}$이다.

19 열전달   정답 ②

어떠한 파장에서도 방사된 복사의 크기는 온도가 증가할수록 증가한다.

더 알아보기

플랑크의 법칙

흑체에서 나오는 모든 파장의 전자기파 스펙트럼은 온도에 의존한다는 법칙이다.

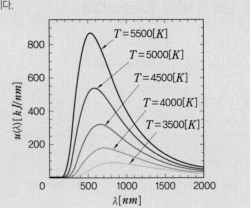

20 질점의 운동   정답 ②

$$t = \sqrt{\frac{2h}{g}} = \sqrt{\frac{2 \times 19.6}{9.8}} = 2[s]$$

21 질점의 운동 정답 ①

$$h = \frac{V^2}{2g} = \frac{20^2}{2 \times 10} = 20[m]$$

22 기계 진동의 기초 정답 ①

$T = 2\pi\sqrt{\dfrac{l}{g}}$ 이므로 질량의 영향은 없다.

23 유체기계 정답 ②

$$\text{비속도} = \frac{N\sqrt{Q}}{\left(\dfrac{H}{n}\right)^{\frac{3}{4}}} = \frac{100\sqrt{9}}{\left(\dfrac{32}{2}\right)^{\frac{3}{4}}} = \frac{300}{8} = 37.5[rpm \cdot m^3/min \cdot m]$$

24 유체기계 정답 ⑤

$\text{수동력} = \gamma QH = 20 \times 0.5 \times 5 = 50[kW]$

25 냉동사이클 정답 ④

오답노트

① 물질의 열역학적 성질을 나타내는 선도를 말한다.
② 가스터빈이나 증기터빈의 사이클 계산에 사용된다.
③ 과열증기 영역에서 등비체적선과 정압선의 기울기가 비슷하다.
⑤ 세로축을 엔탈피, 가로축을 엔트로피로 설정한다.

26 나사 정답 ③

1회전당 이송량 $l = np = 2 \times 3 = 6[mm]$,

$\dfrac{24[mm]}{6[mm]} = 4$회전

27 기본 유체역학 정답 ③

처음 구의 부피는 $\dfrac{4\pi R^3}{3}$ 이므로 비체적(ν) = $\dfrac{\text{부피}}{\text{질량}}$ = $\dfrac{\dfrac{4\pi R^3}{3}}{m}$ = $\dfrac{4\pi R^3}{3m}$

나중 구의 부피는 $\dfrac{4\pi(2R)^3}{3}$ 이므로 비체적 = $\dfrac{\text{부피}}{\text{질량}}$ = $\dfrac{\dfrac{4\pi(2R)^3}{3}}{4m}$

$$= \frac{8\pi R^3}{3m} = 2\nu$$

28 소성가공 정답 ④

- 출구속도: $v_0 \times \dfrac{t_0}{t_1} = 5 \times \dfrac{10}{6} = 8.3[mm/s]$
- 압하율: $\dfrac{t_0 - t_1}{t_0} \times 100 = \dfrac{10 - 6}{10} \times 100 = 40[\%]$

29 철강재료 정답 ②

오답노트

① 탄소 0.77[%C]의 탄소강이다.
③ 과공석강은 펄라이트와 시멘타이트로 되어 있다.
④ 공석강은 펄라이트로 되어 있다.
⑤ 오스테나이트가 페라이트와 시멘타이트로 분해되는 공석반응이 일어나는 온도는 A_1변태점이다.

🔍 더 알아보기

공석반응
고온의 1개의 고체가 저온이 되면서 2개 또는 그 이상의 고체로 동시에 분해되는 반응으로, 탄소강에서는 오스테나이트에서 페라이트와 시멘타이트가 만들어진다.
공석반응을 하는 탄소강을 공석강이라고 하고, 탄소량이 공석조직보다 많으면 과공석강, 적으면 아공석강이라고 한다.

30 비틀림 정답 ③

$$\theta_1 = \frac{TL}{GI_P} = \frac{TL}{G \times \dfrac{\pi d^4}{32}} = \frac{32TL}{G\pi d^4}$$

$$\theta_2 = \frac{TL}{G \times \dfrac{\pi(\sqrt{2}d)^4}{32}} = \frac{32TL}{4 \times G\pi d^4} = \frac{1}{4}\theta_1, \ \text{즉} \ \frac{1}{4}\text{배가 된다.}$$

31 응력과 변형률 정답 ②

수평방향의 힘의 평형으로부터 $mg\cos\theta = T$

수직방향의 힘의 평형으로부터 $Mg = mg\sin\theta$, $m = \dfrac{M}{\sin\theta}$

$$T = mg\cos\theta = \frac{Mg}{\sin\theta}\cos\theta = \frac{Mg}{\tan\theta}$$

32 단면2차모멘트 정답 ②

직사각형의 관성 모멘트 $I_x = I_c + Ad^2 = \dfrac{100 \times 120^3}{12} + 100 \times 120 \times 30^2$
$$= 2.52 \times 10^7 [mm^4]$$

삼각형의 관성 모멘트 $J_x = \dfrac{bh^3}{12} = \dfrac{60 \times 60^3}{12} = 1.08 \times 10^6 [mm^4]$

$I = 2.52 \times 10^7 - 1.08 \times 10^6 = 24.12 \times 10^6 [mm^4] = 2.41 \times 10^7 [mm^4]$

33 굽힘응력 정답 ④

- 끝단에 하중 P가 작용할 때의 처짐량: $\dfrac{PL^3}{3EI}$

- 정중앙에 하중 P가 작용할 때의 처짐량: $\dfrac{5PL^3}{48EI}$

$\therefore \dfrac{\frac{PL^3}{3EI}}{\frac{5PL^3}{48EI}} = \dfrac{16}{5}$, 즉 $\dfrac{16}{5}$배이다.

34 모어원 정답 ③

$\sigma_1 \text{ or } \sigma_2 = \dfrac{\sigma_x + \sigma_y}{2} \pm \sqrt{\dfrac{\sigma_x - \sigma_y}{2} + \tau_{xy}{}^2}$

만약 $\tau_{xy}{}^2 = \sigma_x \times \sigma_y$이면 주응력 σ_1 또는 σ_2 중 하나는 0이다.
따라서 $\tau_{xy} = \sqrt{\sigma_x \times \sigma_y}$이다.

35 유체정역학 정답 ⑤

판의 도심의 y 위치 $y_c = 1 + \dfrac{4}{2} = 3[m]$

판에 작용하는 힘 $F = \gamma y_c A = 9800 \times 3 \times 2 \times 4 = 235200[N]$

압력 중심의 위치 $y_p = y_c + \dfrac{I_c}{A y_c} = 3 + \dfrac{\frac{2 \times 4^3}{12}}{8 \times 3} = 3.44[m]$

(I_c: 평판의 단면2차모멘트)

36 기본 유체역학 정답 ②

비눗방울은 두 개의 자유표면을 가지고 있다. 따라서 표면적의 변화는
$\triangle A = A_2 - A_1 = 2 \times (100 - 50) \times 10^{-4}[m^2]$
가해진 일 $W = $ 표면장력 $T \times \triangle A$이므로
$T = \dfrac{W}{\triangle A} = \dfrac{2.4 \times 10^{-4}}{100 \times 10^{-4}} = 2.4 \times 10^{-2}[N/m]$

37 유체동역학 정답 ②

유량 $Q = \dfrac{50[liter]}{1[second]} = 0.05[m^3/s]$

직경 $D = 20[cm] = 0.2[m]$, $A = \dfrac{\pi}{4}D^2 = \dfrac{\pi}{4}0.2^2 = 0.0314[m^2]$

$\mu = 1[poise] = 0.1[Pa \cdot s]$, 밀도 $\rho = 0.95 \times 1000 = 950[kg/m^3]$

유속 $V = \dfrac{Q}{A} = \dfrac{0.05}{0.0314} = 1.59[m/s]$

레이놀즈수 $= \dfrac{\rho VD}{\mu} = \dfrac{950 \times 1.59 \times 0.2}{0.1} = 3021$, 천이유동

> 🔍 **더 알아보기**
> - 레이놀즈수 < 2000: 라미나유동
> - 2000 < 레이놀즈수 < 4000: 천이유동
> - 레이놀즈수 > 4000: 터뷸런트유동

38 유체동역학 정답 ①

$Re = \dfrac{4x}{\nu} = \dfrac{4x}{1 \times 10^{-6}}$, $\dfrac{\delta}{x} = \dfrac{5}{\sqrt{Re}}$ (δ: 경계층의 두께), $\dfrac{0.01}{x} = \dfrac{5}{\sqrt{\frac{4x}{1 \times 10^{-6}}}}$

$\therefore x = 16[m]$

39 기체사이클 정답 ②

가열, 팽창, 방열, 압축의 4단계는 증기 원동기인 랭킨사이클의 기본 과정이다.

40 열역학 계산 정답 ③

엔탈피는 열역학적 성질로, 계의 내부에너지와 압력과 체적의 곱의 합($H = U + PV$)으로 정의된다. 일정한 압력하에서 물질 속에 저장된 에너지로, 흡열반응에서는 에너지를 흡수하므로 계의 엔탈피는 증가하고 발열반응에서는 감소한다.

41 유체정역학 정답 ③

$P_B = P_C + \gamma_물 \times 0.05$

$P_D = P_B$

$P_A = P_D - \gamma_{수은} \times 0.08 = P_B - \gamma_{수은} \times 0.08 = P_C + \gamma_물 \times 0.05 - \gamma_{수은} \times 0.08$

$\therefore P_C - P_A = \gamma_{수은} \times 0.08 - \gamma_물 \times 0.05 = 13.6 \times 9800[N/m^3]$
$\times 0.08 - 9800[N/m^3] \times 0.05 = 10172[Pa] = 10.2[kPa]$

42 냉동사이클

정답 ②

① $\frac{h_1 - h_4}{h_2 - h_1}$: COP, 성능계수

⑤ $h_2 - h_4$: 응축기의 방출열량

🔍 더 알아보기

이상적인 냉동사이클은 역카르노사이클(표준증기압축 냉동사이클)이다. 가장 많이 사용되는 냉동사이클은 역랭킨사이클로, 역카르노사이클 중 실현 곤란한 단열과정을 교축팽창시켜 실용화하였으며 압축기, 응축기, 팽창밸브, 증발기로 이루어져 있다.

43 열전달

정답 ④

열유속 $v = \frac{k \triangle T}{t}$, $t = \frac{k \triangle T}{v} = \frac{0.01 \times 30}{10} = 0.03[m]$

44 브레이크

정답 ①

제동토크 $T = \mu Q \frac{D_m}{2} = 0.2 \times 2500 \times \frac{50}{2} = 12500[N \cdot mm]$

(μ: 마찰계수, Q: 접촉력, D_m: 접촉면 평균 지름)

제동동력 $H = \frac{nT}{9550 \times 10^3} = \frac{100 \times 12500}{9550 \times 10^3} = 0.13[kW]$

(n: 회전수, T: 제동토크)

🔍 더 알아보기

클러치형 원판 브레이크

축방향 스러스트 하중에 의해 발생하는 마찰력으로 제동하는 브레이크로, 마찰면이 원형이다. 패드의 마모가 빠르지만 쉽게 패드를 교환할 수 있으며, 외부 빗물에 의해 마찰력이 크게 감소할 수 있다. 자전거, 오토바이, 비행기에 적용되고 있다.

45 강체의 운동

정답 ④

V_1(선속도) $= R\omega(R$: 반지름, ω: 회전속도)

$V_2 = 4R \times \frac{1}{2}\omega = 2R\omega$, 즉 2배가 된다.

46 스프링

정답 ③

$\delta_1 = \frac{64nPR^3}{Gd^4}$, $\delta_2 = \frac{64nP(4R)^3}{G(0.5d)^4} = \frac{16 \times 16 \times 64nPR^3}{Gd^4} = 256\delta_1$,

즉 256배가 된다.

47 체인

정답 ②

$N_1 = \frac{60 \times 1000 \times v}{pZ_1} = \frac{60 \times 1000 \times 5}{20 \times 100} = 150[rpm]$

🔍 더 알아보기

스프로킷 휠

얇은 휠 또는 디스크로 주위에 많은 수의 톱니 치형이 있는데, 이 톱니 치형이 체인의 링크와 맞물리면서 체인을 회전시킨다. 자전거에는 2개의 스프로킷 휠이 체인에 의해 연결되어 있다.

48 유압기기

정답 ⑤

①은 일반밸브, ②는 게이트밸브, ③은 체크밸브, ④는 볼밸브 표시이다.

49 유체동역학

정답 ①

$0.6[m] - 0.1[m] = 0.5[m]$이므로

속도수두 $= \frac{v^2}{2g} = 0.5$

$\therefore v = \sqrt{2g \times 0.5} = \sqrt{2 \times 9.8 \times 0.5} = 3.13[m/s]$

50 굽힘응력

정답 ②

양단 고정이며 길이 L, 집중하중 P일 때의 최대 굽힘 모멘트는 $\frac{PL}{8}$이므로

이 경우에는 $\frac{2P \times 2L}{8} = \frac{PL}{2}$

$\therefore \sigma_{max} = \frac{M_{max}}{Z} = \frac{\frac{PL}{2}}{\frac{bh^2}{6}} = \frac{6PL}{2bh^2} = \frac{3PL}{bh^2}$

회독용 답안지

회독 차수: 진행 날짜:

제1회 기출동형모의고사

1	① ② ③ ④ ⑤	11	① ② ③ ④ ⑤	21	① ② ③ ④ ⑤	31	① ② ③ ④ ⑤	41	① ② ③ ④ ⑤
2	① ② ③ ④ ⑤	12	① ② ③ ④ ⑤	22	① ② ③ ④ ⑤	32	① ② ③ ④ ⑤	42	① ② ③ ④ ⑤
3	① ② ③ ④ ⑤	13	① ② ③ ④ ⑤	23	① ② ③ ④ ⑤	33	① ② ③ ④ ⑤	43	① ② ③ ④ ⑤
4	① ② ③ ④ ⑤	14	① ② ③ ④ ⑤	24	① ② ③ ④ ⑤	34	① ② ③ ④ ⑤	44	① ② ③ ④ ⑤
5	① ② ③ ④ ⑤	15	① ② ③ ④ ⑤	25	① ② ③ ④ ⑤	35	① ② ③ ④ ⑤	45	① ② ③ ④ ⑤
6	① ② ③ ④ ⑤	16	① ② ③ ④ ⑤	26	① ② ③ ④ ⑤	36	① ② ③ ④ ⑤	46	① ② ③ ④ ⑤
7	① ② ③ ④ ⑤	17	① ② ③ ④ ⑤	27	① ② ③ ④ ⑤	37	① ② ③ ④ ⑤	47	① ② ③ ④ ⑤
8	① ② ③ ④ ⑤	18	① ② ③ ④ ⑤	28	① ② ③ ④ ⑤	38	① ② ③ ④ ⑤	48	① ② ③ ④ ⑤
9	① ② ③ ④ ⑤	19	① ② ③ ④ ⑤	29	① ② ③ ④ ⑤	39	① ② ③ ④ ⑤	49	① ② ③ ④ ⑤
10	① ② ③ ④ ⑤	20	① ② ③ ④ ⑤	30	① ② ③ ④ ⑤	40	① ② ③ ④ ⑤	50	① ② ③ ④ ⑤

맞힌 개수 / 전체 개수: _____ / 50   O: _____개,   △: _____개,   X: _____개

제2회 기출동형모의고사

1	① ② ③ ④ ⑤	11	① ② ③ ④ ⑤	21	① ② ③ ④ ⑤	31	① ② ③ ④ ⑤	41	① ② ③ ④ ⑤
2	① ② ③ ④ ⑤	12	① ② ③ ④ ⑤	22	① ② ③ ④ ⑤	32	① ② ③ ④ ⑤	42	① ② ③ ④ ⑤
3	① ② ③ ④ ⑤	13	① ② ③ ④ ⑤	23	① ② ③ ④ ⑤	33	① ② ③ ④ ⑤	43	① ② ③ ④ ⑤
4	① ② ③ ④ ⑤	14	① ② ③ ④ ⑤	24	① ② ③ ④ ⑤	34	① ② ③ ④ ⑤	44	① ② ③ ④ ⑤
5	① ② ③ ④ ⑤	15	① ② ③ ④ ⑤	25	① ② ③ ④ ⑤	35	① ② ③ ④ ⑤	45	① ② ③ ④ ⑤
6	① ② ③ ④ ⑤	16	① ② ③ ④ ⑤	26	① ② ③ ④ ⑤	36	① ② ③ ④ ⑤	46	① ② ③ ④ ⑤
7	① ② ③ ④ ⑤	17	① ② ③ ④ ⑤	27	① ② ③ ④ ⑤	37	① ② ③ ④ ⑤	47	① ② ③ ④ ⑤
8	① ② ③ ④ ⑤	18	① ② ③ ④ ⑤	28	① ② ③ ④ ⑤	38	① ② ③ ④ ⑤	48	① ② ③ ④ ⑤
9	① ② ③ ④ ⑤	19	① ② ③ ④ ⑤	29	① ② ③ ④ ⑤	39	① ② ③ ④ ⑤	49	① ② ③ ④ ⑤
10	① ② ③ ④ ⑤	20	① ② ③ ④ ⑤	30	① ② ③ ④ ⑤	40	① ② ③ ④ ⑤	50	① ② ③ ④ ⑤

맞힌 개수 / 전체 개수: _____ / 50   O: _____개,   △: _____개,   X: _____개

제3회 기출동형모의고사

1	① ② ③ ④ ⑤	11	① ② ③ ④ ⑤	21	① ② ③ ④ ⑤	31	① ② ③ ④ ⑤	41	① ② ③ ④ ⑤
2	① ② ③ ④ ⑤	12	① ② ③ ④ ⑤	22	① ② ③ ④ ⑤	32	① ② ③ ④ ⑤	42	① ② ③ ④ ⑤
3	① ② ③ ④ ⑤	13	① ② ③ ④ ⑤	23	① ② ③ ④ ⑤	33	① ② ③ ④ ⑤	43	① ② ③ ④ ⑤
4	① ② ③ ④ ⑤	14	① ② ③ ④ ⑤	24	① ② ③ ④ ⑤	34	① ② ③ ④ ⑤	44	① ② ③ ④ ⑤
5	① ② ③ ④ ⑤	15	① ② ③ ④ ⑤	25	① ② ③ ④ ⑤	35	① ② ③ ④ ⑤	45	① ② ③ ④ ⑤
6	① ② ③ ④ ⑤	16	① ② ③ ④ ⑤	26	① ② ③ ④ ⑤	36	① ② ③ ④ ⑤	46	① ② ③ ④ ⑤
7	① ② ③ ④ ⑤	17	① ② ③ ④ ⑤	27	① ② ③ ④ ⑤	37	① ② ③ ④ ⑤	47	① ② ③ ④ ⑤
8	① ② ③ ④ ⑤	18	① ② ③ ④ ⑤	28	① ② ③ ④ ⑤	38	① ② ③ ④ ⑤	48	① ② ③ ④ ⑤
9	① ② ③ ④ ⑤	19	① ② ③ ④ ⑤	29	① ② ③ ④ ⑤	39	① ② ③ ④ ⑤	49	① ② ③ ④ ⑤
10	① ② ③ ④ ⑤	20	① ② ③ ④ ⑤	30	① ② ③ ④ ⑤	40	① ② ③ ④ ⑤	50	① ② ③ ④ ⑤

맞힌 개수 / 전체 개수: _____ / 50   O: _____개,   △: _____개,   X: _____개

자르는 선

회독용 답안지

회독 차수: 진행 날짜:

제1회 기출동형모의고사

1	① ② ③ ④ ⑤	11	① ② ③ ④ ⑤	21	① ② ③ ④ ⑤	31	① ② ③ ④ ⑤	41	① ② ③ ④ ⑤
2	① ② ③ ④ ⑤	12	① ② ③ ④ ⑤	22	① ② ③ ④ ⑤	32	① ② ③ ④ ⑤	42	① ② ③ ④ ⑤
3	① ② ③ ④ ⑤	13	① ② ③ ④ ⑤	23	① ② ③ ④ ⑤	33	① ② ③ ④ ⑤	43	① ② ③ ④ ⑤
4	① ② ③ ④ ⑤	14	① ② ③ ④ ⑤	24	① ② ③ ④ ⑤	34	① ② ③ ④ ⑤	44	① ② ③ ④ ⑤
5	① ② ③ ④ ⑤	15	① ② ③ ④ ⑤	25	① ② ③ ④ ⑤	35	① ② ③ ④ ⑤	45	① ② ③ ④ ⑤
6	① ② ③ ④ ⑤	16	① ② ③ ④ ⑤	26	① ② ③ ④ ⑤	36	① ② ③ ④ ⑤	46	① ② ③ ④ ⑤
7	① ② ③ ④ ⑤	17	① ② ③ ④ ⑤	27	① ② ③ ④ ⑤	37	① ② ③ ④ ⑤	47	① ② ③ ④ ⑤
8	① ② ③ ④ ⑤	18	① ② ③ ④ ⑤	28	① ② ③ ④ ⑤	38	① ② ③ ④ ⑤	48	① ② ③ ④ ⑤
9	① ② ③ ④ ⑤	19	① ② ③ ④ ⑤	29	① ② ③ ④ ⑤	39	① ② ③ ④ ⑤	49	① ② ③ ④ ⑤
10	① ② ③ ④ ⑤	20	① ② ③ ④ ⑤	30	① ② ③ ④ ⑤	40	① ② ③ ④ ⑤	50	① ② ③ ④ ⑤

맞힌 개수 / 전체 개수: _____ / 50   O: _____개, △: _____개, X: _____개

제2회 기출동형모의고사

1	① ② ③ ④ ⑤	11	① ② ③ ④ ⑤	21	① ② ③ ④ ⑤	31	① ② ③ ④ ⑤	41	① ② ③ ④ ⑤
2	① ② ③ ④ ⑤	12	① ② ③ ④ ⑤	22	① ② ③ ④ ⑤	32	① ② ③ ④ ⑤	42	① ② ③ ④ ⑤
3	① ② ③ ④ ⑤	13	① ② ③ ④ ⑤	23	① ② ③ ④ ⑤	33	① ② ③ ④ ⑤	43	① ② ③ ④ ⑤
4	① ② ③ ④ ⑤	14	① ② ③ ④ ⑤	24	① ② ③ ④ ⑤	34	① ② ③ ④ ⑤	44	① ② ③ ④ ⑤
5	① ② ③ ④ ⑤	15	① ② ③ ④ ⑤	25	① ② ③ ④ ⑤	35	① ② ③ ④ ⑤	45	① ② ③ ④ ⑤
6	① ② ③ ④ ⑤	16	① ② ③ ④ ⑤	26	① ② ③ ④ ⑤	36	① ② ③ ④ ⑤	46	① ② ③ ④ ⑤
7	① ② ③ ④ ⑤	17	① ② ③ ④ ⑤	27	① ② ③ ④ ⑤	37	① ② ③ ④ ⑤	47	① ② ③ ④ ⑤
8	① ② ③ ④ ⑤	18	① ② ③ ④ ⑤	28	① ② ③ ④ ⑤	38	① ② ③ ④ ⑤	48	① ② ③ ④ ⑤
9	① ② ③ ④ ⑤	19	① ② ③ ④ ⑤	29	① ② ③ ④ ⑤	39	① ② ③ ④ ⑤	49	① ② ③ ④ ⑤
10	① ② ③ ④ ⑤	20	① ② ③ ④ ⑤	30	① ② ③ ④ ⑤	40	① ② ③ ④ ⑤	50	① ② ③ ④ ⑤

맞힌 개수 / 전체 개수: _____ / 50   O: _____개, △: _____개, X: _____개

제3회 기출동형모의고사

1	① ② ③ ④ ⑤	11	① ② ③ ④ ⑤	21	① ② ③ ④ ⑤	31	① ② ③ ④ ⑤	41	① ② ③ ④ ⑤
2	① ② ③ ④ ⑤	12	① ② ③ ④ ⑤	22	① ② ③ ④ ⑤	32	① ② ③ ④ ⑤	42	① ② ③ ④ ⑤
3	① ② ③ ④ ⑤	13	① ② ③ ④ ⑤	23	① ② ③ ④ ⑤	33	① ② ③ ④ ⑤	43	① ② ③ ④ ⑤
4	① ② ③ ④ ⑤	14	① ② ③ ④ ⑤	24	① ② ③ ④ ⑤	34	① ② ③ ④ ⑤	44	① ② ③ ④ ⑤
5	① ② ③ ④ ⑤	15	① ② ③ ④ ⑤	25	① ② ③ ④ ⑤	35	① ② ③ ④ ⑤	45	① ② ③ ④ ⑤
6	① ② ③ ④ ⑤	16	① ② ③ ④ ⑤	26	① ② ③ ④ ⑤	36	① ② ③ ④ ⑤	46	① ② ③ ④ ⑤
7	① ② ③ ④ ⑤	17	① ② ③ ④ ⑤	27	① ② ③ ④ ⑤	37	① ② ③ ④ ⑤	47	① ② ③ ④ ⑤
8	① ② ③ ④ ⑤	18	① ② ③ ④ ⑤	28	① ② ③ ④ ⑤	38	① ② ③ ④ ⑤	48	① ② ③ ④ ⑤
9	① ② ③ ④ ⑤	19	① ② ③ ④ ⑤	29	① ② ③ ④ ⑤	39	① ② ③ ④ ⑤	49	① ② ③ ④ ⑤
10	① ② ③ ④ ⑤	20	① ② ③ ④ ⑤	30	① ② ③ ④ ⑤	40	① ② ③ ④ ⑤	50	① ② ③ ④ ⑤

맞힌 개수 / 전체 개수: _____ / 50   O: _____개, △: _____개, X: _____개

회독용 답안지

답안지 활용 방법

1. 회독 차수에 따라 본 답안지에 문제 풀이를 진행하시기 바랍니다.
2. 채점 시 O, △, X로 구분하여 채점하시기 바랍니다. (O: 정확하게 맞음, △: 찍었는데 맞음, X: 틀림)

회독 차수:　　　　　　진행 날짜:

제1회 기출동형모의고사

맞힌 개수 / 전체 개수: ＿＿＿ / 50

O: ＿＿＿개,　　△: ＿＿＿개,　　X: ＿＿＿개

제2회 기출동형모의고사

맞힌 개수 / 전체 개수: ＿＿＿ / 50

O: ＿＿＿개,　　△: ＿＿＿개,　　X: ＿＿＿개

제3회 기출동형모의고사

맞힌 개수 / 전체 개수: ＿＿＿ / 50

O: ＿＿＿개,　　△: ＿＿＿개,　　X: ＿＿＿개

자르는 선

해커스공기업

쉽게 끝내는

기계직 기본서

초판 1쇄 발행 2022년 7월 1일

지은이	권대영
펴낸곳	㈜챔프스터디
펴낸이	챔프스터디 출판팀

주소	서울특별시 서초구 강남대로61길 23 ㈜챔프스터디
고객센터	02-566-0001
교재 관련 문의	publishing@hackers.com
	해커스공기업 사이트(public.Hackers.com) 교재 Q&A 게시판
학원 강의 및 동영상강의	public.Hackers.com

ISBN	978-89-6965-289-8 (13550)
Serial Number	01-01-01

공기업 취업의 모든 것,
해커스공기업(public.Hackers.com)

해커스공기업

· 시험장까지 가져가는 **기계직 핵심이론 정리노트**(PDF)
· **NCS 온라인 모의고사**(교재 내 응시권 수록)
· 내 점수와 석차를 확인하는 **무료 바로 채점 및 성적 분석 서비스**
· 영역별 전문 스타강사의 **취업 인강**(교재 내 할인쿠폰 수록)